「数学をする」って どういうこと？

小山 信也 著

Cotone./長原佑愛 イラスト

技術評論社

まえがき

私は，数学を仕事とする「数学者」という職業に就いています．中学生や高校生の皆さんは，「数学を仕事とする」と言われてもピンとこないでしょう．学校の時間割には「数学」が他のどの科目よりも多くあり，宿題を出されて面倒くさい計算をしなければならない，試験になれば，配点の高い文章題を間違えて大きく減点され，零点だって取りかねない．数学に対して，そんな印象を持っている人が大半かもしれません．

しかし，中学や高校で触れるのは，数学という学問の一面に過ぎません．数学的な思考は楽しいものですし，そもそも数学は固定されたものではなく，未解明な謎に満ち，常に変化しながら進展している研究対象でもあるのです．本書は，そんな数学の一風違った面を伝えるために，執筆しました．

第Ｉ部「日常編」では，コロナ禍でよく登場する数値の正しい見方を例にとり，「ものごとを数学的に考えること」が正しい結論を得るための近道になる事例を解説しました．キーワードは「２次関数」と「条件付き確率」です．いずれも，中学や高校の授業で扱う重要事項ですが，それらを正しく使って数学的に考えると，コロナ対策も安心して実践できることが，見てとれます．

「数学をする」とは，正しく数学的に思考をすることです．それは決して，計算問題を解くことや，試験で高得点をとることと同義ではありません．数学的な思考には，

- 前提となる言葉の意味（定義）をはっきりさせること
- すでにわかった事項と，いまだ問題である事項を明確に分けること

の２つが決定的に重要です．実際これは数学に限らず，あらゆる場面で重要なことです．意見が食い違ったり，議論が紛糾したりしたとき，よく整理してみると，前提となる解釈が違っていたり，問題点が整理されていないだけだったりということが，意外と多いものです．数学的な思考力は，試験でよい得点を

とるために使うよりも，日常生活に生かす方がより楽しいし価値があるということを，第 I 部から読みとって頂ければ幸いです．

第 II 部では，上に挙げた 2 つの重要ポイントを生かして，思考の限界に挑戦します．それは，人類が長年にわたって取り組んできた「無限への挑戦」です．無限大や無限小の概念は，古代から認識されてきましたが，きちんと定式化されたのは極限値の概念が発達した中世の時代です．それまで，千年以上にわたり，人類は無限を誤解し，矛盾に苦しみ，疑問を抱え続けていたのです．本書では，古代ギリシャの有名なパラドックス「アキレスと亀」をはじめ，無限大や無限小にまつわるいくつものパラドックスを紹介し，人類がおかしてきた誤解の歴史と，それらが正しい数学的思考によって修正される様子を解説します．

中でも，素数にまつわる無限については，さまざまな未解決問題が現在でもなお残っています．それらの例として，「双子素数予想」「ゴールドバッハ予想」などを，最新研究からの報告も含めて解説していきます．

素数にまつわる問題は，数学史上最大の未解決問題といわれる「リーマン予想」につながります．リーマン予想は，大学の専門課程で学ぶ複素関数論を使って記述されるため，これまで，リーマン予想を中高校生向けに解説することは不可能とされてきました．しかし，最近の研究で，リーマン予想は，ある無限級数の収束を用いるだけで記述できることがわかってきました．

第 III 部では，この方法で中高生向けに「リーマン予想」の解説を行います．ここでも，大切なことは先に挙げた 2 つのポイントです．難解な最先端の数学でも，いや，難解な場面だからこそ，前提事項を明確にし，問題を整理するプロセスが重要であり，それを正しく実践できる人が「才能のある人」ということになるのだと思います．

本書を読んだ中学生や高校生が，一人でも多く，数学的な思考を正しく生かしていける人生を歩んでもらえれば，私は幸せです．

2021 年 4 月　　著者

目　次

第Ⅰ部　日常編

第Ⅱ部　無限への挑戦

第Ⅲ部 ゼータ編

登場人物の紹介

景子 ちゃん

高校生の女の子。
優くんとは小さい頃からの幼馴染で、
たまに勉強を教えている。
数学が得意で、ひらめき力が人一倍ある。

優 くん

中学生の男の子。
数学に興味はあるけどちょっと苦手。
なので景子をとても頼りにしている。
分析が得意で、思考力に長けている。

ゼータ 先生

数学者。
専門はゼータ関数論。
近所の中高生に数学を教えるのが趣味。
教え子から「ゼータ先生」と呼ばれている。

第Ⅰ部

日常編

第1話　「8割削減《わりさくげん》」の意味《いみ》

景子　ねえねえ，優くん，新型コロナで初めて緊急事態宣言があったときのこと，覚えてる？

優　うん．学校が休みになって，遊びにも行けずに退屈だったよ．

景子　あのとき，みんなが**「接触機会の8割削減」**を目指して頑張ったよね．

優　「1日10人と会うところを2人に減らさなきゃならない」とかで，家族全員で外出を自粛して家にいたよ．

景子　お父さんも，「会社に10日出勤するところを2日に減らさなきゃならない」と言っていたわよね．

優　街の人出も，「8割削減」して2割にするんだって，テレビで言ってた．

景子　日本中でそれを目指した結果，「8 割削減」は達成できたと思う？

優　「達成は難しい」とテレビで言っていた気がするな．

景子　私が見たニュースでは，2020 年 4 月の人出は 6 割しか減らなかったらしいわ．

優　「8 割削減が絶対に必要」と言われていたのに，6 割じゃまずいよね．

景子　でも，その後，第一波が収束して，緊急事態宣言が解除されたわ．

優　考えてみれば変だよね．結局，「8 割削減」は必要なかったってことかな？　本当は 6 割でよかったのに，大げさに言っていたのかな？

景子　実はね，それが，そうじゃないらしいのよ．

優　どういうこと？

景子　数学を使うとね，このことが完全に説明がつくらしいの．

優　そうなの？

景子　知り合いの数学の先生がね，「8 割削減」の意味を正しく理解すれば，この謎は解けるというの．

優　**「6 割削減で第一波が収束した理由」**がわかるの？　面白そうだね．

景子　先生のお宅に行ってみましょう．

景子 ゼータ先生，こんにちは．今日は友達の優くんを連れてきました．

優 はじめまして．よろしくお願いします。

ゼータ やあ，よく来たね．

景子 先生は，「ゼータ」がご専門の数学者なのよ．それで，この近所では「ゼータ先生」と呼ばれているの．

優 ゼータ？ 前に,「ゼータ関数」なら聞いたことがある気がするけど...

ゼータ ははは．ゼータ関数でもいいんだけど，その威力があまりにも絶大なので,「関数を超越したもの」として単に「ゼータ」と呼ぶんだよ．

優 そうなんですか．

景子 先生はね，数学で不思議なことがあると，何でも説明してくれるの．

優 「6 割削減で第一波が収束した理由」が，わかるんですか？

ゼータ それはね，数値を正しく理解すれば，自然とわかるんだ．

景子 「8 割」という数値の意味ですか？

ゼータ そうさ．これが,「接触機会の 8 割」だということは知っているよね．

優 はい．緊急事態宣言でも，そのように言っていました．

景子 感染は接触で起きるから，接触機会の削減が重要なんですよね．

ゼータ 一方,「6 割しか削減できなかった」とは，どういう意味かな？

優　「人出が 6 割しか減らならかった」という意味です．ニュースでは，街に出ている人数をカウントしていたと思います．

景子　テレビで，「外出削減が 6 割しかできなかった」とも言っていましたが，これも同じ意味だと思います．

ゼータ　そうだね．各個人の「外出」を合わせたものが「人出」だから，削減率を考える上ではどちらも同じだね．

優　**「外出」と「人出」は同じでも，それと「接触機会」は違う**んですか？

ゼータ　実はそうなんだ．例を挙げて説明しよう．お父さん，お母さん，お姉さん，妹さんの 4 人家族が，2 組で会食をしたとする．この会食でお父さんに生ずる接触機会は，いくつかな？

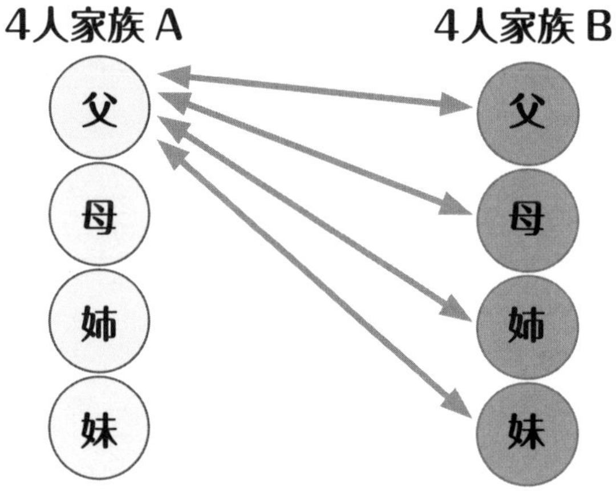

景子　相手の家族の 4 人とそれぞれ接触しますから，4 つです．

優　お母さん，お姉さん，妹さんの 3 名についても，それぞれ 4 つの接触機会が生じます．

ゼータ　この会食で生ずる接触機会の総数は，いくつだと思う？

景子　4 人家族のそれぞれに 4 つの接触機会なので，$4 \times 4 = 16$ です.

ゼータ　さて,「5 割の外出削減」をしたとしよう．会食の出欠はどうなるかな.

優　4 人家族のうち，2 人が出席となります.

ゼータ　両家族とも，お父さんとお母さんが出席したとしよう．この会食で生ずる接触機会の総数は，いくつになるかな？

景子　お父さんは，相手のお父さんとお母さんの 2 人と接触するから 2 つ．お母さんも同様に 2 つなので，$2 \times 2 = 4$ です.

	父	母	姉	妹
父				
母				
姉				
妹				

→

	父	母	姉	妹
父				
母				
姉				
妹				

ゼータ　結局,「5 割の外出削減」で，接触機会の削減は，どうなったと思う？

優　16 から 4 になりました.

景子　4 分の 1 に減ったことになります．75 %の削減です.

ゼータ　わかったかい．外出を 50 %削減すれば，接触機会は 75 %削減される．これが「接触機会の削減」なんだよ.

優　「接触機会の削減」と「外出・人出の削減」は，別のものなんですね．

景子　8割削減するのは接触機会であり，外出ではなかったのですね．外出を8割削減しなければならないと，勘違いしていました．

ゼータ　では，接触機会を8割削減するには，外出を何割削減すればよいと思う？

優　「外出5割」で「接触機会75％」が削減できたので，あと少しですよね．

景子　あと5％で80％だから，わずかですよね．

ゼータ　その通り．5割を少し上回ればよいだけだから，6割で十分なんだ．

優　あ，「人出が6割しか減らなかった」は，それでよかったのか．

ゼータ　結局，「接触機会の8割削減が必要」という緊急事態宣言の要請は，達成[1]されていたんだよ．

景子　だから，第一波が収束したわけですね．

---

[1]本稿執筆中に，緊急事態宣言後の感染者数の変動から算出した接触機会の削減割合が84％であったとの結論が，以下の論文により得られた．Toshikazu Kuniya “Evaluation of the effect of the state of emergency for the first wave of COVID-19 in Japan” Infectious Disease Modelling 5 (2020) pp. 580-587.

column 1

ゼータとは？

ゼータ先生の名前の由来である「ゼータ関数」は，すべての素数を集めてできる関数です．「素数はどのように現れるか」，「ランダムか，何らかの規則があるか」という疑問は，古代から意識されてきました．

過去には，素数列の一般項（n 番目の素数を n を用いて表す公式）を求めるための研究も行われましたが，そのような公式は発見されていません．素数の配列には，人が見てわかるような単純な規則性はないようです．

素数は不規則で，ある意味ランダムなものに見えます．しかし，それは単なるランダムとは異なります．数が大きいほど，素数の割合は減っていき，その割合は以下の定理に従っているからです．

$$「x\ くらいの大きさの数が素数である確率」は，約\ \frac{1}{\log x}.$$

この事実は「素数定理」と呼ばれ，ゼータ関数を使って証明できます．

素数は，個々には不規則に見えますが，全体としてはある調和を保ちながら存在しています．この不思議な現象を解き明かす道具が，**ゼータ関数**なのです．

ゼータ関数は，18 世紀にオイラーによって導入され，19 世紀にリーマンによって進展し，20 世紀には多くの数学者によって多種多様な形に発展しました．現在では，ゼータ関数は，A（アルティン），HW（ハッセ・ヴェイユ），HL（ヘッケ・ラングランズ），S（セルバーグ）の 4 つの型に分類されます．

そして，20 世紀後半以降，数学の多くの未解決問題がゼータ関数の問題に帰着されることがわかってきました．たとえば，17 世紀から未解決だった「**フェルマー予想**」

$$a^n + b^n = c^n \ (n \geqq 3) \text{ を満たす正の整数 } a, b, c \text{ は存在しない}$$

は，1995 年にワイルズによって 360 年ぶりに証明されましたが，彼の証明は，「HW 型と HL 型のゼータ関数の統一」を，楕円曲線の場合に成し遂げたものです（column 24）．

あらゆる数学の未解決問題は，いずれゼータ関数の問題として解釈され，それが解決への第一歩となる，そんな思想も抱かれるようになってきました．そこから，「数論とはゼータ関数論」「数学とはゼータ関数の解明」という発想も生まれました．

数学最大の未解決問題「リーマン予想」はゼータ関数についての問題です（column31）．リーマン予想は 20 世紀の代表的な未解決問題である「ヒルベルトの問題」（column14）と，21 世紀の初めに 100 万ドルの懸賞金が懸けられたことで有名な「ミレニアム問題」（column15）の両方に入っている唯一の問題です．

リーマン予想の研究によって 20 世紀の数学は発展し，それをもとに，近年では絶対数学という新しい数学が生まれ，解決に近づきつつあります（column22）．

ゼータ関数は従来の「関数」の概念を超越した存在であり，数学でよくある「○○関数」と同列にゼータ関数を扱うのは失礼であろうとも考えられます．あえて「関数」を外し，親しみと尊敬の念を込めて「ゼータ」と呼び捨てにする風潮は，こうして生まれました．

第2話　2次《じ》関数《かんすう》の効《こう》果《か》

優　僕は，「外出を 8 割削減するもの」と，すっかり誤解していました．

ゼータ　当然，外出が増えれば，接触機会も増える．こういうとき，人は無意識に**「比例関係」を想像してしまいがち**なんだ．

景子　比例関係とは，「外出が 2 倍，3 倍になれば，接触機会も 2 倍，3 倍になる」という意味ですね．

ゼータ　数学は，人が無意識に抱いている数や図形に対する感覚を，論理的に正しく考え直す学問なんだよ．

優　正しく生活していくうえで，数学は必要なんですね．

景子　数学を知らないと，誤解したままで生活しなければなりませんね．

ゼータ　さっきは 4 人家族で説明したけど，同じ原理は**街の人出**にも当てはまる．100 人が外出した街は，こんな 100 × 100 のマス目で表せる．

100

100

優　家族のときは，縦軸と横軸に家族Aと家族Bをとりましたが，街のときは，どうするんですか？

ゼータ　家族どうしはもともと濃厚接触だけど，街では全員と新たな接触が起きる．この場合，縦軸と横軸を同じ100人とすればいいよ．

景子　自分自身との接触だけは例外ですね．図の対角線上のマス目です．

ゼータ　その例外は，全体からみればごくわずかな割合なので，無視しよう．ここで，50％の外出削減をすると，接触は色付けのマス目になる．

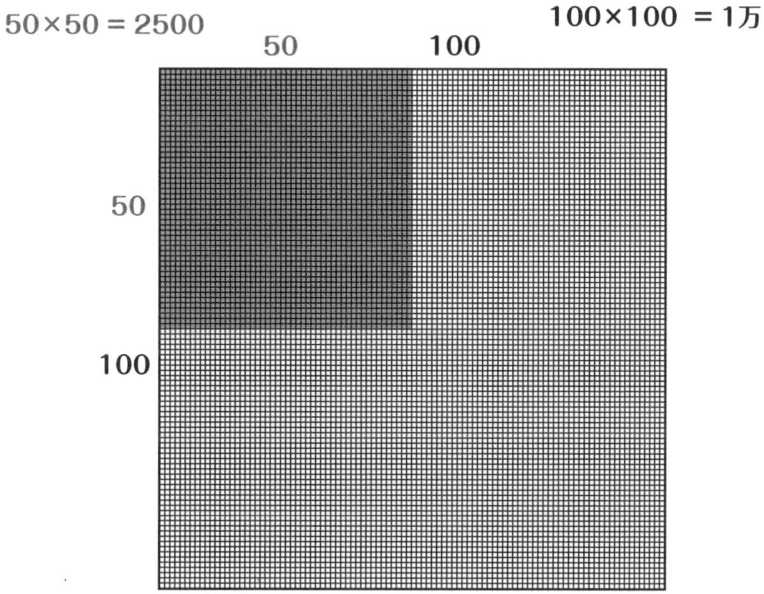

優　色付けのマス目は全体の4分の1ですね．25％に減っています．

景子　やはり，家族のときと同じように，50％の外出削減により，接触機会の削減は75％となりますね．

ゼータ 外出と接触機会の関係は比例ではない．外出が 2 倍，3 倍になれば，接触機会は 4 倍，9 倍になる．これが正しい関係なんだ．

優 2 乗の関係ですね．接触機会は，外出の **2次関数**で表せるのですか．

ゼータ 外出の削減率を x，接触機会の削減率を y として，式を立ててごらん．

景子 外出のうち，削減後に残った割合が $1-x$，その 2 乗が，削減後に残った接触機会だから，こうですか．

$$1-y=(1-x)^2$$

優 $x=0.5$ のとき，$y=0.75$ になるから，さっき見た結果と合っていますね．さすがは景子ちゃん．

ゼータ 正解だよ．人が無意識のうちに思いがちな 1 次関数でなく，2 次関数であることがポイントだ．

景子 $x=0.6$ とすると，$y=0.84$ になるから，外出を 6 割削減すれば，接触機会は 84 %削減となり，「8 割削減」が達成できますね．

ゼータ 接触というものは，自分と相手のうち一方でも不在なら起きないので，考えてみれば当たり前なんだけどね．

優 テレビで，平均的なサラリーマンが，1 日 100 人と出会うところを「20 人に減らさなきゃいけない」と言っていましたが，社会全体が外出制限をすれば環境が変わり，「100 人と出会う」の前提が崩れますよね．

景子 みんなが外出制限をすれば，100 人が $100\times(1-x)$ 人に減るわね．

優 その環境で，自分が外出を減らした効果として，さらに $1-x$ を掛けるので，$100(1-x)^2$ 人と出会うことになります．

景子 これが 20 人よりも小さくなれば，8 割削減の達成となります．だからさっきの 2 次関数となり，外出削減は 6 割で十分だったんですね．

優 「8 割の外出削減」は，自分以外が自粛しない，以前と同じ環境を仮定した場合ですよね．ああ，何で気づかなかったんだろう！

ゼータ まあ，実際に自粛を始めたら，電車や飲食店が空いた光景が日常的に見られるようになったので，この矛盾に気づいた人もいただろうね．

景子 でも，緊急事態宣言が発令された当時は，どのマスコミもこの点を指摘していませんでしたね．

優 日本国中が，「外出の 8 割削減が目標」と，誤解していたのでしょうか．

ゼータ 「何の 8 割なのか」をきちんと考えていない報道が多かったね．

景子 緊急事態宣言では，「接触機会の 8 割」と明言していましたが，それが「外出の 8 割」のことと思い込んでしまった人が多かったんですね．

優 できれば，緊急事態宣言で国民に，「外出は何割削減すればよいか」を言って欲しかったな．6 割と知っていたら，少しは安心できたのに．

ゼータ 数学を知る者は，皆，当初から違和感を持っていたよ．

景子 「数学をする」って，こういうことなんですね．

優 生きていくうえで，あなどれないことですね．

景子 でも，みんなが「外出の 8 割削減」を目指して頑張ったおかげで，なんとか 6 割削減が達成できたのかもしれませんね．

優　最初から「6 割でいいんだ」と知っていたら，目標は達成できなかったかもしれません．

景子　2 次関数のおかげで，たった 6 割の外出削減で，目標である「接触機会の 8 割削減」が達成できたんですから，結果的にはよかったですよね．

優　知らなかったとはいえ，第一波の収束のためにはよかったですね．

ゼータ　ところが，そう喜んでばかりはいられないんだ．

column 2

鏡《かがみ》の謎《なぞ》も定義《ていぎ》で解《と》ける？

本文で,「8 割」の意味を正確にとらえることが最初の重要なポイントであったように,「数学をする」ことは，まず第一に，**一つ一つの言葉の意味をはっきりさせる**ことから始まります.

「問題が解けない」と思っていても，実は「解けない」のではなく,「問題を理解していない」だけだったということは，往々にしてあります．問題を整理し，正しく理解した瞬間，意外とたやすく解けてしまうこともあるものです.

そんな問題の例として，誰もが一度は悩むと言われている，有名な問題があります.

鏡は，左右が反対になるのに，上下が反対にならないのは，どうしてか？

この問題を初めて見た人は，ここで本を置き，答を見る前に少し考えてみてはどうでしょうか.

実は，この問題も，言葉の定義を一つ一つ，はっきりさせることで，自動的に解けるのです.

まず，「反対になる」の定義は何でしょうか？ 数学的にきちんと定義することは，高校で習ったベクトルを使えばできますね．「ベクトルが逆向き（－1倍）になる」ということです．そうすると，左右のベクトル（図では，右向きのベクトルを x で表しています）は，鏡の中でも x' で，反対になっていません．
x，y，z のうち，反対になっているのは，前向きのベクトルである y だとわかります．

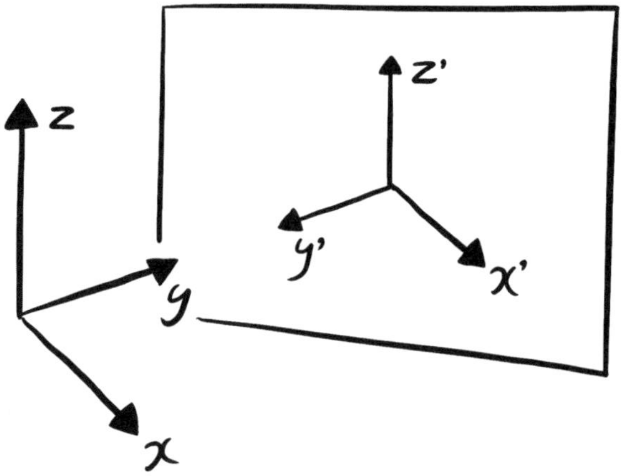

鏡で反対になるのは，「前後」だったのです．ではなぜ，私たちは「左右が反対になる」と感じるのでしょうか．それは，「右」と「左」の定義が原因です．「右」と「左」は，「上」と「前」という2つの向きが決められたときに，それらを使って相対的に定義されるのです．

したがって，鏡によって「前後」が反対になったことに連動して，「左右」も自動的に反対になったというわけです．「上下」の定義は「前後」と独立であるため，「前後」が反対になった影響を受けなかったわけです．

解けないことを悩む前に，意味をはっきりさせることが重要です．意味がわかれば自動的に解けることは，意外と多いものです．

第3話 2次《じ》関数《かんすう》のリスク

ゼータ 話はこれで終わりじゃない．問題は，これからだよ．

景子 どういうことですか？

ゼータ 自粛を強めたときは，「少しの自粛で多大な効果」があったけど，逆に，今後は自粛を弱めて社会活動を復活させる必要があるよね．

優 もしかすると，逆の，悪い効果が出てしまうということですか？

ゼータ 2次関数の「xの微小な差がyに大きく影響」する性質で自粛の効率がよかった反面，逆に，**「少しのゆるみで多大なリスク」**が生ずるんだ．

景子 楽をした分のつけが回ってくるのですね．

優 考えてみれば当然ですが，そういつも都合のよいことばかりのはずがないですよね．

ゼータ 簡単なモデルで説明しよう．緊急事態宣言が出て，不要不急の外出はしないことになり，どうしても必要な10人だけが街に出たとする．

景子 接触機会の総数は，$10 \times 10 = 100$ですね．

ゼータ ここで，もし君が，「自分もどうしても必要」と名乗り出て，11人目に街に出たとすると，接触機会は，いくつ増えると思う？

優 あらかじめ街に出ている10人と接触すると考えて，10増えます．

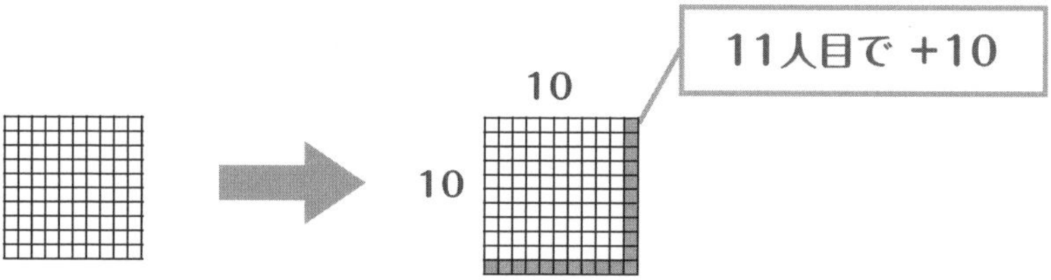

ゼータ では，そのうち自粛がゆるんできて，100 人が街に出たとする．そこで君が名乗り出て，101 人目として加わった．接触機会はいくつ増える？

景子 街に出ている 100 人と接触するので，100 増えます．

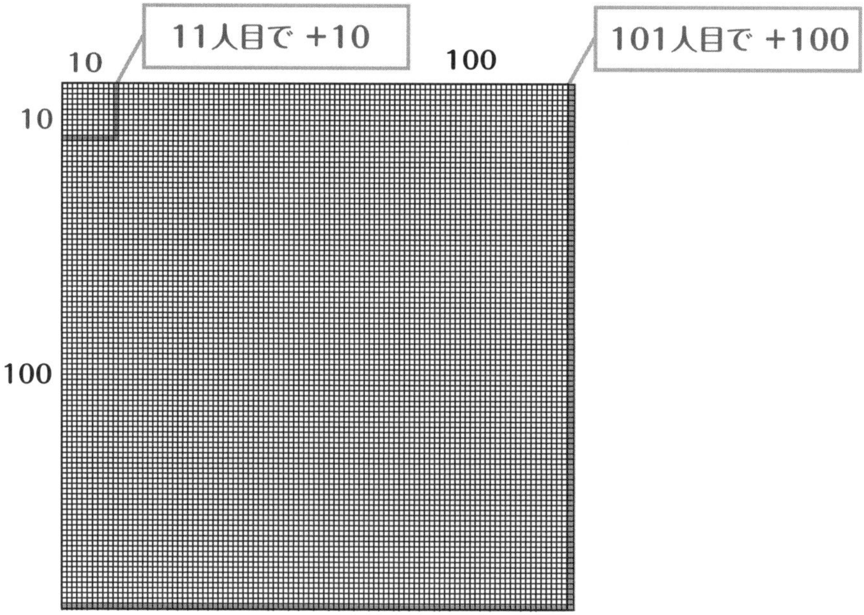

ゼータ そう．まとめると，10 人のときに加われば「プラス 10」だが，100 人のときに加われば「プラス 100」というわけだね．

優　それだけ聞くと当たり前な感じがしますが．

ゼータ　問題は，これが**人間の感覚と逆である**ことなんだ．10人しか外出していない状況で名乗り出るのは勇気が要るし，やりづらいよね．

景子　でも，100人が街に出た後なら，自分一人くらい加わっても大差ない気がしますね．

優　それほど大事な用事でなくても，「そろそろ自分も出ようか」という気持ちになります．

ゼータ　それが危険なんだ．2次関数の怖さは，変数が大きくなるほど，変数の微小な変化がもたらす影響が甚大になることなんだよ．

景子　厳選された11人目として加わるよりも，大勢に交じって101人目として加わる方が，実は影響が大きいんですね．

優　これは盲点ですね．

ゼータ　このことは，これから自粛をゆるめていこうとする過程で，リスクとして降りかかってくる．

景子　ゆるめ始めた当初よりも，ある程度ゆるめた後の方が，より慎重になる必要があるのですね．

ゼータ　飲食店の営業や，開店時間の延長，大学の対面授業の再開など，あらゆる業種で発生するリスクだよ．

優　大学の授業は，非対面から対面に戻そうとしているんですか？

ゼータ　対面授業の必要性の高い講義として，まずは，実験・実習など，実技を伴う授業から対面にしていく動きがあるよ.

景子 数学の授業は，当面は非対面のままですか？

ゼータ そうだね．理論を教える座学の講義は，対面の必要性は低いと考えられている.

優 必要性の高い講義から，徐々に対面に戻していくのですね.

ゼータ 2次関数のリスクについて，先ほどのマス目を使って説明しよう．今度は，人の代わりに100種類の授業科目を縦軸と横軸にする.

景子 「外出」の代わりに**「対面授業の再開」**を考えるのですか.

優 授業によって人数は異なるけど，どの授業も同じ1マスでいいんですか？

景子 平均的に考えて，大まかな傾向を見るうえでは，いいんじゃないかしら.

ゼータ 少なくとも，対面授業で接触が起きることは確実なので，「外出」の代わりを「対面授業の再開」としたモデルで考えてもよいだろうね.

優 数学の授業は非対面のままですよね.

ゼータ それを，いつどのタイミングで対面に戻すかが問題となる．たとえば，7割の授業が対面に戻ったとしよう.

景子 7割となれば，たいがいの授業は対面に戻っている印象ですね.

優 残りの3割は，少数派です.

ゼータ ところが，その段階で，接触機会は 49 ％しか復活していないんだ．

景子 $0.7 \times 0.7 = 0.49$ からわかりますね．あれ？ 意外と少ないですね．

優 残りの 3 割で，半分以上の 51 ％が復活するのですね．

ゼータ そうなんだ．これは，人間の感覚とかなり違っていると思わないかい．

景子 確かに，7 割が再開したら，「ここまで我慢したのだから，もう，そろそろいいだろう」と感じますよね．

優 ところが，なし崩し的に残りの 3 割が再開したら，あっという間に接触機会が倍増するわけですね．

景子 必要性がそれほど高くない授業まで，「他の多くが再開したから，自分もそろそろ」という理由で加わるのは危険ですね．

ゼータ だから，対面授業の再開は，必要性が高い授業に限るべきなんだ．

優 これが，2 次関数のリスクなのですね．

ゼータ このリスクは，授業だけじゃない，対面を伴う業務の再開を目指している全ての業種について当てはまるよ．

景子 国民もマスコミも，「2 次関数の効果」に助けられて第一波を乗り切ったわけですが，その自覚がないままでは，今後が不安ですね．

ゼータ ゆるめ方を，決して急がないこと．少しゆるめた後ほど，より慎重になることが重要だね．

column 3

雪《ゆき》だるま式《しき》＝指数関数的《しすうかんすうてき》？

第3話で解説した2次関数の性質は，**「増えれば増えるほど『増え方が増える』」**というものでした．これは，よく言われる「雪だるま式に増える」という言葉と同じ意味でしょうか？

雪だるまを作るとき，最初は小さな雪玉を転がし，玉の表面に雪を付けて徐々に玉を大きくして行きます．転がせば転がすほど雪玉は大きくなります．雪玉が大きくなればなるほど，一回転させたときに付く雪の量が多くなります．雪玉を回転させるときは，大円に沿って転がすので，一回転で付く雪の量は，大円の円周に比例すると考えられます．半径 r の球の大円の円周は $2\pi r$ ですから，r の1次関数となります．これは，本文で説明している「2次関数の増え方が1次関数となる」という性質と同じです．このことから，本文の2次関数は，まさに**「雪だるま式」**と呼ばれている内容であることがわかります．

一方，コロナ報道でよく耳にする言葉に，**「指数関数的」**があります．これは文字通り，指数関数で表される増大度のことです．「1人の感染者が1週間で2人に感染させてから治癒する」という性質のウィルスの場合，その1人が治癒しても新たに2人の感染者が現れます．次の週には，2人がそれぞれ2人ずつに感染させるので，新たに4人の感染者が現れ，その次の週には新たに 8 人の感染者が現れます．これを繰り返していくと，x 週後には 2^x 人の感染者となります．この式は変数 x が指数にあるので指数関数と呼ばれます．ウィルスによる感染者数は，本質的に，指数関数の性質を持っているわけです．

では，「指数関数的」と「雪だるま式」では，どちらの増え方が大きいでしょうか．実は，指数関数的の方が，圧倒的に大きいのです．2^x という指数関数は，x が 1 増えると，$2^{x+1} = 2 \times 2^x$ ですから，2 倍になります．

一方，x^2 という 2 次関数は，x が 1 増えると，

$$(x+1)^2 = x^2 + 2x + 1$$

より，$2x + 1$ だけ増えます．これは 1 次式ですから，2 次式である元の x^2 よりもかなり小さい量です．したがって，x^2 は，x が 1 増えても，2 倍にはなりません．2 次関数よりも，3 次関数，さらに 4 次関数と，次数が高いほど増大度は大きくなりますが，指数関数はそれらのどれよりも大きな増大度を持つことが知られています．実は，指数関数の増大度は「次数が無限大」に相当するのです．そのため，もし何も策を講じなければ，当初に一部の諸外国で見られたような感染者数の爆発的な増大が起きるということが，数学的に説明できるのです．

指数関数の増大度を踏まえれば，対処法にも工夫の余地が生まれます．たとえば，保健所の負担になっている感染経路の特定についても，個別の調査とは別に，ビッグデータとして扱う方策が取れます．全感染者に「電車通勤か」「外食をしたか」などの質問のマークシートを配布し記入してもらうのです．データはプライバシーを聞かずに集積でき，そこから日常生活の各行動と感染の関係が次第にわかっていきます．従来の感染経路の聞き取り調査はクラスターの特定に役立ちましたが，「通勤電車で感染するのか」といった基本的な疑問を解消できませんでした．「外出を自粛しましょう」と呼びかけるよりも，「外出すれば感染リスクが何％上がります」とデータを示す方が効果的です．感染者数の指数関数的な挙動を前提とすると，こんな考えも生まれるのです．

第4話 大学《だいがく》の授業再開《じゅぎょうさいかい》は？

景子 大学の授業といえば，最近，対面授業の再開を求める投書を見ました．

優 **「小中学校や高校が再開したのに，なぜ大学だけ再開しないのか」**という疑問を抱く人もいるようです．

ゼータ 確かに，学費を払っていながら一度もキャンパスに入れない学生や，友達もできずサークル活動も一切できない新入生は，可哀そうだね．

景子 学費については，いろいろな意見があるようですね．

ゼータ 非対面授業の実施にコストがかかるなど，大学側の事情もあるようだけど，それはさておき，小中高と大学の違いを分析してみよう．

優 2次関数を使ってですか？

景子 接触機会の回数は，人数に比例する1次関数ではなく，人数の2乗で表される「2次関数」ということですよね．

優　大学の学生数って，何人くらいなんですか？

ゼータ　一例として挙げると，主要大学の小さめのキャンパスなら，1学年1000人規模で，4学年で4000人規模が，典型的かな．

景子　私が通っている高校の生徒数は，1クラス40名で，1学年10クラスで400名，3学年で1200名くらいです．

優　大学の学生数は，高校の生徒数の約3.3倍ですね．

ゼータ「高校が再開したのだから，大学も再開すべき」と考えている人たちも，これくらいの人数の差があることは知っていると思う．

景子　大学の方が規模が大きいのは当たり前ですからね．

優「少しくらい規模が大きくても，大学は設備もよいしお金もあるんだから，対策をきちんとして授業を再開してほしい」という意見でしょうね．

景子　ただ，人数が3.3倍でも，**感染リスクはその2乗**ということは，あまり知られていないかもしれません．

優　2乗ということは，$3.3 \times 3.3 = 10.89$ で，10倍以上になりますね．

景子　3倍くらいなら，「対策をして再開してほしい」と思えても，10倍となると，どうでしょうね．そこまで主張しづらい気もします．

優　2次関数は恐ろしいんですね．もし規模が4倍ならリスクは16倍だし，規模が5倍ならリスクは25倍となりますから．

ゼータ　ところが，小中高と大学の違いは，それだけじゃないんだ．

優　人数のほかに，まだ何か違いがあるんですか？

ゼータ　実は，同じ人数でも，大学の方がリスクが高いんだよ．

景子　それは意外です．どうしてですか？

ゼータ　同じ200人が通学する場合を考えよう．高校は，40人のクラスが5クラスで200人．大学は，**200人が大教室で授業を受ける**場合が典型的な授業風景となる．

景子　高校生は，ほとんどクラス内の生徒としか接触しないから，接触機会は

$$40 \times 40 \times 5 = 8000.$$

優　大学生は，200人の学生が一つの教室に集まるので，接触機会は

$$200 \times 200 = 40000.$$

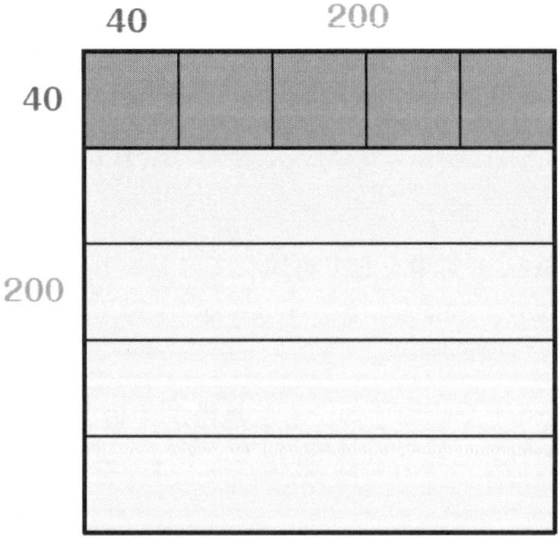

景子 大学の方が，5 倍も大きいですね.

優 これも，2 次関数であることの影響ですね.

ゼータ「クラス数が 5」は数式上の扱いでは，「5 倍」として算入する.

景子 「5 の 2 乗で 25 倍」というわけではないのですね.

ゼータ 2 次関数の中で，そこだけ 1 次関数になるわけだ.

優 だから，高校のリスクは小さくなるんですね.

景子 細かく分割するほど，リスクが下がるわけですね.

ゼータ 今の例は，高校も大学も 200 人で，5 倍のリスクの差があった.

優 それに加えて，人数の差の影響が，さっきの例で 10 倍以上でしたね.

景子 それらの相乗効果で，リスクは数十倍になりそうですね.

ゼータ 現実には，大学院生もいるし，教職員や訪問者の数も全然違うので，リスクが数十倍どころか, 百倍を超えるケースも珍しくないだろうね.

優 「高校を再開したから大学も」と短絡的にいかない理由がわかりました.

ゼータ もちろん，大学でも，少人数クラスに限定し，かつ，学食やトイレで動線を決め混雑を避ければ, 対面授業を再開できる道はあるだろうね.

景子 数学的な考察から，いろいろわかりましたね.

ゼータ「数学をする」とは，まず第一に，**数値を正しくとらえ，正しい論理で思考すること**なんだ.

優 ウィルスの知識がなくても，数学でわかることが多くて，驚きました.

景子 今のお話で，ウィルスの専門的な性質は，全く使っていませんからね.

ゼータ 対象がウィルスであろうが，何であろうが，数学的な論理は無関係に成り立つ．数学は，対象によらず成り立つ学問だからこそ，あらゆる局面に応用されるんだよ.

column 4

検査《けんさ》の的中度《てきちゅうど》

次の第5話では「医療側からみた検査の精度」が話題となります．一方，受診者側からみて気になるのは，以下の数値でしょう．

- **検査が陽性だったとき，本当に感染している確率**
- **検査が陰性だったとき，本当に非感染である確率**

これらは「的中度」と呼ばれますが，検査そのものの性能を表す数字として信ぴょう性が低いとされています．その理由は，「その時点で，その国に，その病気がどれくらい蔓延しているか」という，いわば環境的な要因に，的中度は大きく左右されるからです．

数値例で見てみましょう．感染者が「100人に1人」の病気に対し，第5話で説明する「感度」と「特異度」がともに95％の検査を行う場合，感染・非感染別の検査結果数の比率は，次表のようになります．

	感染者	非感染者	合計
陽性	95	500	595
陰性	5	9500	9505
合計	100	1万	1万100

陽性の結果が595人に出たとすると，そのうち感染者は95人で，的中度は16％となります．たとえ陽性の結果が出ても，本当に感染している確率は約 $\frac{1}{6}$ しかないというわけです．さらに，もし感染者が「1000人に1人」であったら，次表のようになります．

	感染者	非感染者	合計
陽性	95	5000	5095
陰性	5	95000	95005
合計	100	10万	10万100

今度は，的中度は $\frac{95}{5095} \times 100 = 1.86$ %となります．検査結果が陽性でも，まだまだ非感染である確率の方がずっと高いのです．これは，特異度が 100 %と異なる分（わずか 5 %）の影響が，非感染者が多いほど膨大になるためです．検査をしなければ $\frac{1}{1000} = 0.1$ %だった確率が，1.86 %と 18.6 倍に上がったことが，検査の意義なのです．検査は確定診断ではなく，診断を絞り込む過程の手順に過ぎないと解釈すべきでしょう．

実は，ここで挙げた数字は，実際のがんの罹患《りかん》率と，がん検診の精度に近いものです．国立がん研究センターの発表による 1 年間の罹患率は，最も高い部位（男性の胃，大腸，前立腺，女性の乳房）でも「1000 人に 1.5 人」（2017 年）です．また，大阪がん予防健診センターの発表によれば，胃がん検診の感度・特異度は，ともに 90 〜 95 %とされています．

よく，「がん検診で陽性となっても落胆する必要はなく，淡々と次の検査に進めばよい」と言われますが，それは受診者を単に元気づけているだけではなく，数学的な根拠に基づいているのです．

第5話 検査《けんさ》の精度《せいど》

優　コロナ対策といえば，PCR 検査の精度がわかってきたという話題を，先日テレビでやっていました．

景子　私も見ました，**検査の精度は 90 %**くらいと言っていました

ゼータ「検査の精度が 90 %」とは，どういう意味か，わかるかな．

優　検査の結果が合っている確率が 90 %という意味だと思います．

景子　数式で書けば，こういうことでしょうか．

$$\frac{\text{正しい結果を得た検査の総数}}{\text{検査の総数}} = 0.9$$

ゼータ　残念ながら，それは違うんだよ．

優　どうしてですか？

ゼータ　それは，実態に即して考えてみれば明らかだよ．まず，東京都の感染者数がどれくらいか，概算してごらん．

景子　1 日あたり，新規感染者数は 1000 人ほどの規模で，感染期間は 2 週間ほどと言われていますね．

ゼータ　感染が 14 日間続くと仮定しようか．

優　1000 人が 14 日間，陽性で居続けると考えると，今日現在の感染者数は，14000 人ですね．

ゼータ 実際には，検査していない「隠れ感染者」がいると言われているので，仮に真の感染者数がその 2 倍だとしよう．

景子 今日現在の感染者数は，最大で 2 万 8 千人となりますね．

ゼータ 東京都の人口は 1400 万人だから，2 万 8 千人は 0.2 ％だね．

優 少なくとも 99.8 ％は，非感染というわけですね．

ゼータ そうすると，奇妙なことが起きる．私がニセ医者で，「PCR 検査をしてあげる」と嘘をついて，実際には検査をせずに全員に「あなたは非感染です」と告げると，それでも，99.8 ％は当たることになる．

景子 あれ？ おかしいですね．90 ％よりもずっとよい数字です．

優 苦労して検査をするよりも，ニセ医者の方が正解率がよいなんて，何かが間違っています！

ゼータ 間違いは，君たちの書いた数式，検査の精度の定義にあるんだよ．

景子 さっきの式は違っていたんですね．

ゼータ あのように単純な確率の式は，感染者のような微小な割合の検出には，あまり意味を持たないね．

優 では，「90 ％」とはどういう意味なのでしょうか．

ゼータ 単純な確率でない以上，何らかの条件が付いた**「条件付き確率」**となる．これは難しい概念で，注意して扱う必要があるんだ．

景子 条件とは，どんな内容ですか？

ゼータ それは数学の問題ではなく，その業界で定めるものなので，調べればわかるよ．日本疫学会のサイトを見てごらん．

優 あ，中国の武漢でとったデータが載っています．「感染者のグループにPCR検査を行ったところ，70％に陽性の結果が出た」とあります．

景子 2020年の2月頃のデータのようですね．

ゼータ この場合の「70％」の意味は，「**もし感染者だった場合，**70％の確率で陽性の結果が出ます」ということだね．

優 「もし感染者だった場合」が条件なのですね．

景子 では，もし非感染者だった場合は，どうなのでしょうか？

ゼータ それが問題なんだ．この数字は，非感染者のことは何も言っていない．非感染者に関する精度は，全くわからないんだ．

景子 そうなんですか？ 私たちのほとんどは非感染者なのに，普通に検査を受けても精度が全くわからないということですか．

ゼータ 残念ながら，そういうことになる．条件付き確率は，条件がすべての場合を網羅しないと，全体を表す確率としての意味はない．

優 「非感染者の条件」での確率も必要なのですね．

ゼータ 2つの値がそろって，初めて「検査の精度」といえるだろうね．

景子 日本疫学会のサイトでは，「感染者に対して正しく陽性の結果が出る確率」を「感度」と呼んでいるようですね．

優　最初に話した「90 %」は，感度のことだったんですね．

景子　それに対し,「非感染者に対して正しく陰性の結果が出る確率」を「**特異度**」と呼んでいます．

優　感度と特異度，2 種類の数値がそろって，初めて「検査の精度」がわかるのですね．

景子　感染者か非感染者かによって確率が変わるとは意外でした．

優　でも，そもそも，感染しているかどうかを知るために検査を受けるんだから，どちらの条件が成り立つか，わかりませんよね．

ゼータ　よいところに気がついたね．まさにその通りで，受診者の側からすると，このような定義による「精度」は，ほとんど意味をなさない．

景子　自分の検査結果をどれくらい信じてよいのか，全くわからないということですね．

優　では，どういう目的でこんな定義をしたのですか？

ゼータ　医療側の目的だろうね．医療では，「陽性者をどれだけ正確に検出できるか」は重要だから，「感度」には大いに意味がある．

景子　なるほど．そもそも数字の意味が違うわけですね．

優　受診者は，関係ない数値に惑わされないように，気をつけないといけませんね．

ゼータ　**言葉の定義を理解すること，定義の目的を認識すること**から，数学は始まるんだよ．

column 5

モンティ・ホール問題《もんだい》

本文では，ニセ医者に扮した私が「全員が陰性」の判定をする例を挙げ，検査の精度を単純な分数式では表せないことを説明しました．このように，数学では，わざと極端なケースを想定することで，わかりにくい状況の中の真実が見えてくることが，しばしばあります．

そんな一例に，**「モンティ・ホール問題」**という有名な問題があります．モンティ・ホールはアメリカのテレビ番組の司会者の名前です．番組では視聴者参加のゲームが行われ，そのルールは，以下の通りでした．

会場に３つの扉が用意され，そのうち１つだけが当たりの扉で，
扉の後ろに賞品の車が置いてある．

参加者が当たりの扉を選んだら車がもらえる．
外れの扉を選んだら何ももらえず，ゲーム終了となる．

はじめに，参加者が扉を１枚選び，開かずに待機する．

次に，司会者が残りの２枚のうち，外れの扉の１枚を開く．

ここで参加者は選んだ扉を変更してもよい．

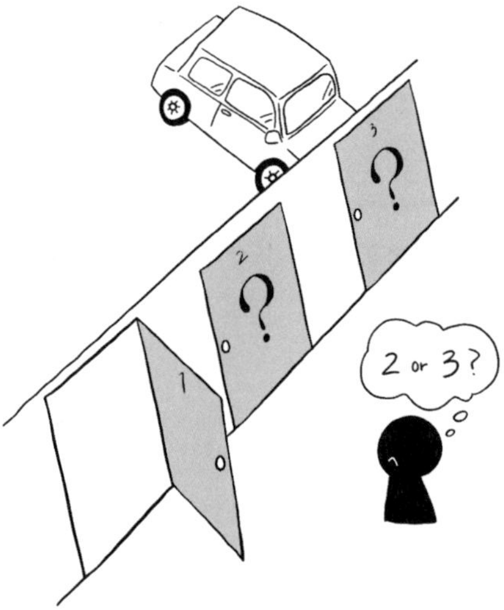

つまり，参加者は，選ばれずに残っている 1 枚に変更するか，最初の選択のままにするかを決めるわけです．そこで，「扉を変更する方が有利か」という質問が，新聞の連載コラム「マリリンに聞け（Ask Marilyn）」に，読者からの投稿として掲載され，この問題は有名になりました．

コラムの執筆者であるマリリン・ヴォス・サヴァントは，高い知能指数を持つことで有名な「天才タレント」で，読者のあらゆる悩みに対して独特の「頭のよさ」で答えるコラムが人気でした（余談ですが，私も米国在住時にこの新聞を購読していました．「Ask Marilyn」は妻が好きでよく読んでいたことを記憶しています）．

マリリンは，**「扉を変更する方が有利であり，当たる確率は 2 倍になる」**と答えました．これに対し，全米の読者から「その答えは間違っている」と 1 万通の投書が殺到し，大議論に発展しました．議論の後，マリリンが正しかったことが確認され，反対派は誤りを認めたそうです．

マリリンの答えが正しいことは，いくつかの方法で説明できます．扉が 100 枚あったと想像してみるのは，その一つです．あなたが 1 番の扉を選び，司会者が 2～100 番のうち，43 番以外の 98 枚をすべて開けたとしたら，あなたは，残った 43 番が当たりである確率が，自分が選んだ 1 番よりも高いと感じるのではないでしょうか．実際，1 番が当たりである確率はわずか 1%であるのに対し，司会者が残す扉が当たりである確率は 99%となります．司会者は，2～100 番の 99 枚の扉のどれが当たりであっても，その扉を残すからです．

100 枚の扉を使ったゲームなど，実際にはあり得ないのですが，数学ではこのように極端なケースを想定することで，問題がわかりやすくなったり，誤りが発見できたりすることが多いのです．どんなふうに極端なケースを想像するかは，その人のオリジナリティーに掛かっており，数学的な思考の面白い部分でもあり，しばしば「数学者の腕の見せどころ」にもなります．

第6話　カラオケが上手《うま》いのは？

ゼータ　2人は，カラオケは得意かい？

優　一緒に行ったことはないですが，歌は好きです．

景子　私も，よく一人で歌っています．

ゼータ「条件付き確率」を学んだところで，2人にクイズを出そう．

景子　はい．お願いします．

ゼータ　2人でカラオケの点を競うことになった．ある曲を，2人がそれぞれカラオケ店に通って何度も歌い，全回の平均点で競うとする．

優　曲が同じだから，難易差がなくて公平ですね．

ゼータ　各カラオケ店では，過去のその曲の得点が記録されていて，その人の全回の平均点を自動的に計算してくれる．

景子　会員登録しておき，マシンにログインして歌うイメージですね．

ゼータ 会場は，景子ちゃんの近所のカラオケ店 A と，優くんの近所のカラオケ店 B のいずれかを使うものとする．どちらを何回使ってもよい．

優 お互いの家の近くの店を一軒ずつ指定しているので，公平ですね．

ゼータ 2 店 A，B を通算した平均点は，機械が自動的に計算してくれないので，最後は自分で計算しなければならない．

景子 他社の機械とは連携していないだろうから，それは当然ですね．

ゼータ ここで問題です．店 A と店 B の両店とも景子ちゃんが優くんより平均点が高かったら，**全体の平均点**も景子ちゃんが高いと言えるかな？

優 両方の店で景子ちゃんが上なんだから，計算するまでもなく，全体の平均も景子ちゃんが高いと思います．

景子 うーん，一見，そんな気がするのですが，どうかなぁ？ ちょっと考えていいですか？

優 景子ちゃんが高いに決まっていると思うけどな．

景子 どちらの店で何回歌ってもいいから，2 人が歌う回数はバラバラですよね．

優 まあ，お互い，自分の家に近い方の店で歌うことが多いだろうね．

景子 そうすると，その平均どうしを比べるのって，どうなんだろう？ うまく言えないけど，全体の平均とはちょっと違う気がする．

ゼータ よく気がついたね．実は，そうなんだ．この図をよく見てごらん．

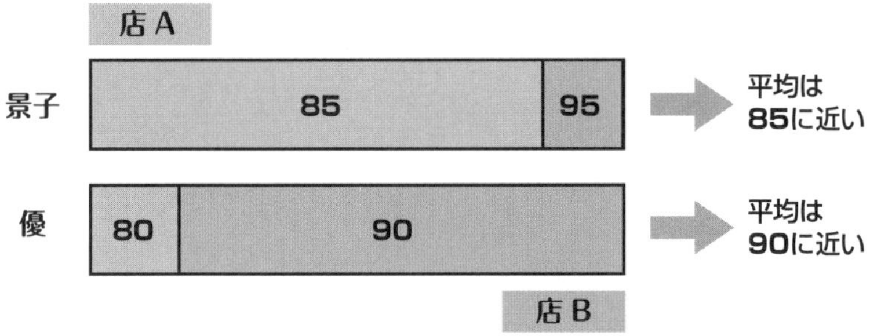

優　店Ａでは，85 対 80 で景子ちゃんが勝ち．店Ｂでも，95 対 90 で景子ちゃんが勝ち．

景子　全体の平均点は，私は店Ａを多く利用したから，85 点に近い値になるけど，優くんは店Ｂを多く利用したから，90 点に近くなるわね．

優　あれ？ 全体の平均だと，僕の方が勝つんだね．各店の勝敗と逆になるなんて，不思議だな．

ゼータ　そうなんだ．両方の店で景子ちゃんの平均点が高いのに，全体では優くんの方が平均点が高くなる可能性もあるんだ．

景子　「平均」という言葉は，**何回の得点の平均点でも，一様に一つの数値として見てしまう**のが，落とし穴かもしれませんね．

優　平均どうしを比較するときは要注意ですね．

景子　それにしても，2 人とも店Ｂの得点が高いですね．

優　本当だ．2 人とも，店Ａでは 80 点台，店Ｂは 90 点台だね．

景子 仮に，店Bの採点が甘くて有利だったら，店Bを多く利用した優くんが，トータルで高得点になるのもわかりますね．

ゼータ その通り．店Aと店Bの評価基準が異なる場合は，そもそも，「全回の平均で勝負を決める」というルールが不適切ということになる．

優 そういう場合は，全回の平均は無視し，最初の印象の通りに「それぞれの店で得点の高かった景子ちゃんの勝ち」とするのが正しいですね．

ゼータ 採点基準が異なる得点を通算しても意味がないからね．

景子 数学を理解していないと，誤解をしそうです．

ゼータ 実は，この原理を利用すると，いろいろな場面で印象操作ができてしまうから，注意する必要があるよ．

優 たとえばどんな場面ですか？

ゼータ 2人が選挙に立候補し，年代別に支持率を調査した．二十代，三十代など，すべての年代で景子ちゃんの支持率が優くんを上回った．

景子 そういう報道，ときどき新聞やテレビで見る気がします．

優 すべての年代で景子ちゃんの支持率が高いと言われたら，ほとんど選挙の勝敗は見えたも同然．あきらめたくなりますね．

景子 ところが，トータルでは優くんの支持率が高い可能性もあるわけですか．

ゼータ さっきの図で，「店A」を「二十代」，「店B」を「三十代」と読み替えてごらん．

優　本当だ．全く同じ仕組みが成り立ちますね．トータルでは，僕の方が支持率が高くなります．

ゼータ　調査対象に偏りがあると，その手のことが起きる可能性が生まれるんだ．

景子　二十代よりも三十代の方が政治に関心があり，熱心に候補者を支持する傾向があるとか．

優　ちょうど，カラオケ店Ｂの採点が甘かったのと一緒ですね．

ゼータ　そんなふうに，年代別に支持率に差がある場合は，調査対象の年齢構成を，**そろえておく必要**がある．

景子　そうでなければ，不公平ですね．

優　でも実際，ニュースを見るとき，いちいちそこまでチェックしないよね．

景子　何だか，ニュースを鵜呑みにするのが怖くなってきたわ．

ゼータ　こんな例もあるよ．予備校の宣伝で，「現役生，浪人生，どちらの合格率も，ライバル予備校より高い！」とかね．

優　これも同じ構図か．

景子　現役生と浪人生の両方で合格率が高くても，トータルでは高いとは限らないですね．

優　でも，「両方とも合格率が高い」と言われたら，そっちの予備校に行きたくなってしまう．

ゼータ　まあ，それも必ずしも悪いとは言えないけどね．現役生・浪人生，それぞれの受験対策があるなら，別々に考える方が正しいともいえる．

景子　ただ，トータルの合格率を意図的に隠しているなら，悪質な印象操作の可能性もありますね．

優　数学を知らなかったら，一生だまされ続けていたかもしれません．

景子　「数学をする」って，大切なことなんですね。

column

6

PCR 検査《けんさ》は増《ふ》やすべき？

テレビ番組などで，「日本は PCR 検査を増やすべきだ」との主張を目にすることがあります．政治家が「検査数を何万件に増やす」と公言したこともありました．ここでは，それらの是非について，**数学的な視点**から考えてみましょう．

その前に，医師が要請する「検査体制の拡充」と，一部の評論家や政治家による「検査を増やすべき」との主張を区別して考える必要があります．医師が求める「検査体制の拡充」は，「医師が必要と判断したときに，速やかに検査できる体制の充実」であり，これは数学的な議論と別に，解決すべき問題です．一方，「件数を増やすべき」という主張については，数学的な分析が可能です．「検査はしないよりもした方がよい」「件数は多ければ多いほどよい」という考えは，正しいのでしょうか．

第 5 話で紹介したように，都内の有病率は 0.2％程度と考えられますから，500 人に 1 人です．感染者 100 人あたり，非感染者が 5 万人いるわけです．PCR 検査の精度は，2020 年 9 月 29 日に北大の豊嶋崇徳教授によって感度 90 %，特異度 99.9 %との発表がなされました．この研究によって PCR 検査の信ぴょう性が裏付けられたといわれています．しかし，この結果をもとにしても，検査結果の比率は次表のようになります．

	感染者	非感染者	合計
陽性	90	50	140
陰性	10	49950	49960
合計	100	5 万	5 万 100

感染を疑う理由がない一般の国民を検査した場合，陽性の的中度は，

$\frac{90}{140} \times 100 = 64$ %しかありません．陽性でも「3 人に 1 人が非感染」という，驚くべき結果となります．

column 4 でみたように，がん検診では，検査を確定診断への一過程とみることで，がんの早期発見という目的のために受診は有意義ですが，コロナの場合，陽性の結果は隔離や休業をもたらし個人の減収や社会の損失につながります．特に医療従事者の「無駄な隔離」は医療崩壊に直結しかねません．従来から，これに加え数学と別の議論で，「誤って陰性とされた感染者」（上表の 10 名）が感染拡大の元凶となり得る「検査のデメリット」は指摘されていますが，数学的な考察からも，検査件数のむやみな増大が「百害あって一利なし」であることがわかるのです．

これは，一般市民の有病率が 0.2 % と微小なことが数式上効いているためです．検査数を増やすことの正否は，有病率によって異なります．全国民への一斉検査は，有病率の高い欧米諸国では有効でしたが，その数十分の一の有病率しかない日本での実施にはほとんど意味がなく，むしろ社会損失の方が大きいといえます．ただし，今後，感染爆発が起き有病率が上がった場合や，感染者の濃厚接触者のように，あらかじめ有病率が高いと疑われる場合は，事情が異なります．そういう場合は的中度が高くなりますので，できる限り検査を行うべきであるといえるでしょう．

第Ⅱ部

無限への挑戦

第7話 亀《かめ》に追《お》いつけるか

景子　ねえねえ，優くん，**「アキレスと亀の話」**って知ってる？

優　アキレスって，人の名前？

景子　うん．ギリシャ神話の登場人物で，足が速いことで有名なの．

優　ふーん．さすが，景子ちゃんはものしりだね．「アキレスと亀」って聞いたことないな．いったいどんな話？

景子　アキレスが亀と徒競走をすることになって，亀は足が遅いからハンデをもらって，少し進んだ地点からスタートすることにしたのね．

優　いくらハンデをもらっても，あっという間にアキレスに抜かれちゃうんじゃない？

景子　ところが，**「アキレスは絶対に亀に追いつけない」**という理論があるの．

優　え，そんなばかな．その理論，変じゃない？

景子　そうなの．「アキレスと亀の話」っていうのは，その理論の「どこが間違っているか」を考える，間違い探しのクイズなのよ．

優　面白そうだね．どんな理論なの？

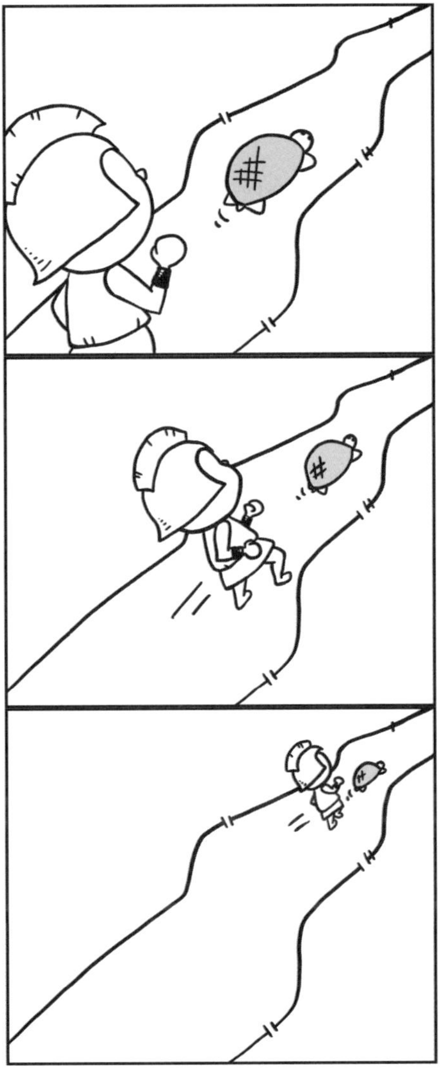

景子　ハンデをもらった亀のスタート地点を，Aとするね．

優　うん．

景子　アキレスはまず，亀に追いつく前に，A に到達する必要があるよね．

優　そうだね．

景子　アキレスが A に到達する間に，亀は少し進んで，B に行ったとするの．

優　ふむふむ．

景子　すると，今度は，アキレスは亀に追いつく前に，B に到達する必要があるよね．

優　うん．

景子　アキレスが B に到達する間に，亀が進んだ地点を C とすると，次にアキレスは，亀に追いつく前に C に到達する必要があるよね．

優　同じことの繰り返しだね．

景子　そう．これが永遠に繰り返されるから，アキレスはいつになっても亀に追いつけないという理論なの．

優　なるほど．アキレスが次の地点に着くまでの時間で，亀は前に進むから，これを無限に繰り返して切りがないということか．

景子　だから，いつになってもアキレスは亀に追いつけないというわけ．

優　でも，現実の場面を想像してみれば，あっという間に追い越してしまうに決まっているよね．

景子 そうね．だから，この理論のどこかに間違いがあるはずよね．

優 どこが間違っているんだろう？

ゼータ 今日は，どんな質問を持ってきたんだい？

景子 実は，「アキレスと亀の話」を考えていたのですが，わからなくて．

優　同じことが永遠に繰り返されるのは，正しいようにも思えるのですが...

ゼータ　そうだね．ではまず，次の絵を見てごらん．

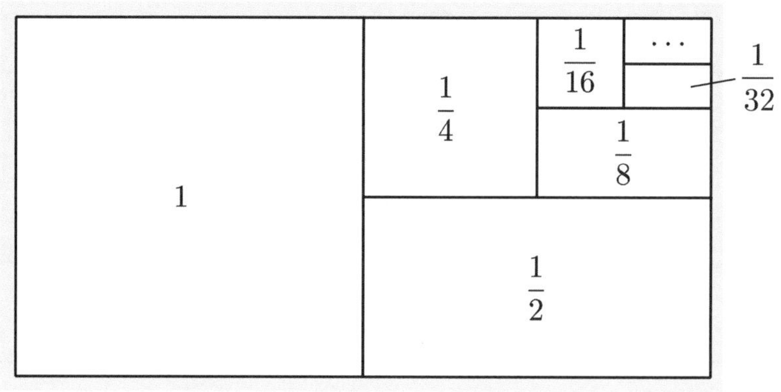

景子　長方形の絵ですね．

優　左の半分は，正方形に見えますね．

ゼータ　その通り．左は一辺が 1 の正方形で，それを 2 つ並べて，右側の正方形を細かく分けていった絵だよ．

景子　右側の下半分は，縦が $\frac{1}{2}$，横が 1 の長方形で，面積は $\frac{1}{2}$．

優　上半分をさらに左右に分けて，左の半分は，$\frac{1}{2}$ の半分だから，面積 $\frac{1}{4}$．

景子　残ったうちの半分をさらに半分に分けることを繰り返しているのね．

ゼータ　この絵の面積を式で書くとどうなるかな．

優　えっと，最初が 1，次が $\frac{1}{2}$，次が $\frac{1}{4}$ と，次々に半分になっていくから，

$$1+\frac{1}{2}+\frac{1}{4}+\frac{1}{8}+\frac{1}{16}+\cdots.$$

ゼータ　正解．そして，この足し算を永遠に繰り返していくと，答えがある値に近づいていくのがわかるかな．

景子　外枠の大きな長方形の面積 2 に近づいていくわよね．

優　ぴったり 2 になることはないけど，限りなく 2 に近づいていくね．

ゼータ　そうなんだ．そのとき，数学では

$$1+\frac{1}{2}+\frac{1}{4}+\frac{1}{8}+\frac{1}{16}+\cdots=2$$

という書き方をする．左辺の**「…」の意味**がポイントだ．

景子　どんどん加えていくという意味じゃないんですか？

ゼータ　単に加えていくだけじゃなくて，ルールがある．項に規則性があって，足す項が明確にわかることが必要だよ．

優　確かに，分母が

1，2，4，8，16

と，どの項も必ず前の項の 2 倍になっていますね．

ゼータ　そして，大切なことは，「…」の足し算の数式は，「限りなく近づく値」という意味であることだ．

景子 ぴったりその値になるわけじゃないんですね.

ゼータ うん. しかし, 限りなく近づくということは, その値との差がいくらでも小さくなるということだ.

優 図の右上の隙間が, どんどん小さくなっていくことですね.

ゼータ そうなんだ. そのとき, この足し算が近づく先の値のことを, **極限値**という.

景子 先生, 極限値を使うと, アキレスと亀の問題が解けるんですか?

ゼータ 実はそうなんだ. 考えてごらん.

column 7

ゼータ統一《とういつ》理《り》論《ろん》

column1で説明した4つのゼータたちは，誕生した経緯で2組に分けられます．A型とHW型は，もともと「そのゼータの性質を証明すること」を目的として誕生しました．A型は素数などの代数的な対象を解き明かすため，HW型は楕円曲線などの代数幾何的な研究をするために生まれたのです．

20世紀以降，それらの解明を目指して数学は進展し続けていますが，2020年の時点で解決しているのはごく限られた場合に過ぎず，ほとんどのA型，HW型のゼータの性質は未解明です．

そこで，望ましい性質を持つ「ゼータの族」をあらかじめ定義し，A型やHW型がその族に属すことを示し，問題を解決しようという発想が生まれました．いわば，ゴールに向かって進んでいく代わりに，ゴール地点から迎えに行くことにより目標を達成する試みです．

目指すA型，HW型の性質のうち，最初の目標は「解析接続・関数等式」であり，究極の目標は「リーマン予想」です．そこで，「解析接続・関数等式」の性質を持つゼータとしてHL型，「リーマン予想」を満たすゼータとしてS型が，導入されました．

HL型は，保型形式という関数から作られ，保型形式の持つ「保型性」という性質から，ゼータの関数等式が証明されます． S型は，多様体という図形から作られ，その図形に特有の「跡公式」という恒等式を使って，リーマン予想が証明されます．

column1で説明したフェルマー予想の証明で，ワイルズが示したことは，「楕円曲線のゼータ（HW型）が関数等式と解析接続を持つ（HL型に属する）こと」でした．これは1950年代に谷山豊によって提唱されて以来，「谷山予想」と呼ばれ，40年近く未解決だった問題です．

谷山予想から，フェルマー予想は次のように背理法で証明できます．

フェルマー予想が非成立だったとし，反例の整数解を a, b, c とする．このとき，リベットの定理により，楕円曲線

$$y^2 = x(x - a^n)(x + b^n)$$

のゼータ（HW 型）は HL 型でないので谷山予想に矛盾する．

ここで登場した楕円曲線は，1980 年代の前半にフライという数学者によって，ゼータ（HW 型）が HL 型でないことが予想されていました．フライの予想は，1985 年にセールが一部証明し，後にリベットが証明を完成させたため，現在では「リベットの定理」と呼ばれています．

リベットの定理は 1986 年に証明されました．ワイルズは，それを知って谷山予想の証明に本気で取り組んだと言います．多くの定理や予想が集積した結果，フェルマー予想の解決という成果をもたらしたのです．

4 つのゼータは，究極的には統一されるべきであると考えられており，それがリーマン予想の証明となります．ワイルズが示した谷山予想は，HW 型と HL 型の統一を，楕円曲線の場合に成し遂げたものです．これが統一のごく一部であることから，究極的な統一（すなわちリーマン予想）がいかに深遠な目標であるか，そして数学がいかに広大であるか，その一端が垣間見えるでしょう．

第8話 追《お》いつける理由《りゆう》

優　先生に習った極限値のことだけど，アキレスと亀の問題と，どういう関係があるのかな．

景子　きっと，**考え方のヒント**になるってことだと思う．「アキレスが亀に追いつけない」という理論の間違いを見つけられるのよ．

優　長方形の中に，小さな正方形や長方形を並べていくことが，なぜヒントになるんだろう？

景子　並べる図形の面積は，こんな数だったわよね．

$$1,\quad \frac{1}{2},\quad \frac{1}{4},\quad \frac{1}{8},\quad \frac{1}{16},\quad \cdots$$

優　うん．

景子　これを，次の地点に到達する一つ一つの段階に例えたらどうかしら．

優　Aに着くのを 1，Bに着くのを $\frac{1}{2}$，Cに着くのを $\frac{1}{4}$，と考えるってこと？

景子　そうよ．そうだわ．わかった！

優　え，どういうこと？

景子　たとえば，アキレスの速さが，亀の2倍だったとするわね．

優　うん．

景子　そうすると，アキレスがAに着いたとき，走った距離を1とすると，亀はその半分，つまり $\frac{1}{2}$ だけAから進んでいるわよね．

優　そうだね．そうすると，Bは，Aから $\frac{1}{2}$ のところになるね．

景子　次に，アキレスがBに着いたとき，アキレスはAからBまで距離 $\frac{1}{2}$ を走っているから，亀はその半分，つまり $\frac{1}{4}$ だけBから進んでいるよね．

優　そうか．面積の式に似た感じになってきたね．

景子　これを無限に繰り返すわけだけど，面積の和

$$1+\frac{1}{2}+\frac{1}{4}+\frac{1}{8}+\frac{1}{16}+\cdots$$

は，アキレスが亀を追って走った距離を，全部足し合わせた答えになるわね．

優　なるほど．「無限に繰り返される」のは正しいけど，だからといって，**合計が無限大ではない**ということか．

景子　無限の段階が，無限の距離を表すとは限らないということね．

優　距離を全部合わせると2に限りなく近づくけど2を越えないんだから，いくら繰り返しても距離2の範囲内のことしか言っていないんだね．

景子　「永遠に追いつけない」でなく「距離2未満で追いつけない」なのね．

優　「永遠に追いつけない」と主張した理論の間違いは，「無限に段階を踏めば距離も無限になる」と勘違いしたことにあったのか．

景子　ところで，距離の代わりに時間を考えてもわかりやすいかもしれない．アキレスがAに到達するための時間を１分とするのよ．

優　そうすると，Aを出発してBに到達するまでが $\frac{1}{2}$ 分，つまり 30 秒．次にBを出発してCに到達するまでが $\frac{1}{4}$ 分，つまり 15 秒．

景子　これを無限に繰り返したとき，全部合わせても２分以内ということね．

優　つまり，「アキレスは２分以内に追いつけない」となるね．

景子　早速，先生に報告に行こう．

ゼータ やあ，いらっしゃい．

景子 先生，「アキレスと亀の問題」が解けました．

ゼータ 理論の間違いがわかったかな？

優 はい．「無限に段階を踏む」は確かに正しいのですが，この理論は「それに要する距離が無限大」としているところが間違いです．

ゼータ ほう．よくわかったね．

景子 距離の代わりに時間を考えて，「それに要する時間が無限大」としているのが間違い，といってもよいと思います．

ゼータ 確かに．その解釈の方がわかりやすいかもしれないね．

優 普通なら，何でも無限に繰り返せば「時間が無限にかかり，きりがない」となるのが当たり前ですが．

ゼータ 「当たり前に思えること」をそう決めつけず，中立な立場で考えること．これが，数学をする上で最も大切なんだよ．

景子 思い込みや先入観を持たず，まっさらな気持ちで考えるということですか．

ゼータ それは，意外と難しいことなんだ．

優 難しいんですか？ 一見，簡単そうに聞こえますが．

ゼータ 数学の歴史は，**先入観との闘い**の歴史だといってもよいくらいだよ．

景子 そんなに大変なことなんですか？

ゼータ 「アキレスと亀」の話は古代ギリシャの時代からあった謎だけど，完全な説明がついたのは，極限値の概念が確立した2000年以上も後だったといわれている．

優 「無限に繰り返せば時間も無限にかかる」という思い込みを取り除くために，そんなに時間がかかったんですね．

景子 人は，無意識のうちに誤った先入観を抱いてしまうものなんでしょうか．

ゼータ それを取り除いて厳密な定義に立ち返り，純粋に論理的に考えるのが，数学という学問なんだよ．数学者の仕事の第一は，思い込みを捨てることだといっても過言ではない．

優 経験や常識にとらわれないということですか．でも，現実から離れて作った理論に意味があるんでしょうか．

ゼータ それが大ありなんだ．アキレスと亀の問題は，人類が「極限値」を厳密に理解できて解決したわけだけど，その極限値の概念のおかげで，微分積分学が生まれたんだ．

景子 微分積分学は，高校でも少し習うけど，大学では，理系の誰もが必ず学ぶ重要な科目だと聞いたことがあるわ．

ゼータ 数学は，単一の問題を解くためのものではないんだよ．アキレスと亀の問題が解けたからといって，それ自体が重要なわけじゃない．実際にアキレスが亀と競争するはずはないし，仮にしたとしても，理論と無関係に勝敗は決まるので，そんな理論は必要ないからね．

優　そうですよね．

ゼータ　数学はね，物ごとの背景にある原理や原則を見つける学問なんだ．優れた原理や原則は，多くの問題に応用できて，広く役立つものなんだよ．

景子　極限値を使って解ける問題がほかにもあるんですか．

ゼータ　アキレスと亀の話が載っている古代ギリシャの文献には，もう一つ，**「飛んでいる矢は止まっている」**という問題も載っているんだけど，これも同じ発想で解けるんだ．

優　「飛んでいる矢は止まっている」という理論の間違いを探すんですか？

ゼータ　そう．矢は，どの瞬間にもある位置に存在している．「飛ぶ」とは，瞬間を合わせたものである．各瞬間が止まっているので，それをいくら集めても止まっている，という理論だよ．

景子　古代ギリシャの人がそんな疑問を持っていたとは驚きです．それが2000年もの間，人類の謎であり続け，極限値の考え方でようやく解決したとは面白いですね．次回までに考えてみますね．

column 8

パラドックス

本文で紹介する「アキレスと亀の話」と「飛んでいる矢は止まっている」は，いずれも古代ギリシアの文献に登場する有名な「ゼノンのパラドックス」の一部です．**パラドックス**とは，「正しそうに見える推論から，受け入れがたい結論が出ること」の総称であり，「正しそうに見えた推論は実は間違っていた」，あるいは「受け入れがたいと思われた結論は，実は正しかった」といった真実を発見することで，解消されます．

歴史的にみて，パラドックスを解消するための工夫が，いろいろな局面で数学を進展させ，逆に，数学が発展することにより，多くのパラドックスが解決されてきました．本文で紹介したパラドックスは，極限値の概念を正しく定義することで解消し，それは微分積分学の発展につながりました．

ここでは，それ以外の有名なパラドックスを3つ挙げてみます．どのように解消できるか，考えてみてください．3つのパラドックスは，すべて異なる方法で解消できます．解答は次のコラム column9 で解説します．

◆ ハゲ頭のパラドックス

すべての人はハゲである．なぜなら，髪が1本も無い人はハゲであり，ハゲの人に髪を1本加えても，ハゲであることに変わりはない．この議論を繰り返せば，髪が何本あろうが，ハゲという結論になる（高校で習う「数学的帰納法」の応用）．

◆ 同色の馬のパラドックス

5頭の馬がすべて同色であることを証明する．そのためには，5頭のうち任意の4頭が同色であることを示せばよい．なぜなら，4頭の組を2組つくれば，両組に重複する馬がいるので，2組の馬がすべて同色となるからである．次に，同様の理由により，4頭が同色であることを示すには，4頭のうちの任意の3頭が同色であることを示せばよい．この議論を繰り返すと，最後には，任意の

1頭が同じ色であることを示せばよいことになる．それは明らかに成り立つので，証明が完了する．

以上の議論は，最初に馬が何頭いてもよいので，結局，世界中のすべての馬は同色であることが証明された．

◆ラッセルのパラドックス

集合 X に対し，$X \in X$ が成り立つとき，X をタイプ1と呼び，$X \notin X$ が成り立つとき，X をタイプ 2と呼ぶ．通常扱う多くの集合がタイプ2であり，タイプ1の例としては，「すべての集合の集合」などがある．このとき，「タイプ 2の集合」のすべてからなる集合を A とおく．A がタイプ 1, 2 のいずれであるかを考える．

A がタイプ 1 であるとすると，タイプ 1 の定義から，$A \in A$ となるが，すると A の定義から A はタイプ 2となり矛盾する．一方，A がタイプ 2 であるとすると，タイプ 2の定義から，$A \notin A$ となるが，すると A の定義から A はタイプ 1となり矛盾する．A は，タイプ 1, 2のいずれであるとしても矛盾する．

第9話 矢《や》は止《と》まっている？

優　景子ちゃんは先生に「考えてみます」と言っていたけど，何か手がかりでもあるの？

景子　先生が，「極限値で解ける例」として挙げてくれたことが，ヒントになると思うのよ．

優　**極限値**って，「限りなく近づく」ってことだよね．

景子　何がどこに近づくのか，それがわかれば解ける気がするの．

優　**「各瞬間にはそれぞれの位置に静止していて，矢の動きはそれらを合わせたものだから静止している」**という理論の間違いを探すんだよね．

景子　前に先生から，「数学では，すべての定義を厳密にするのが大切だ」と言われたことを思い出したわ．

優　そうすると，どの言葉から定義すればよいのかな．

景子　まず「瞬間」の意味をはっきりさせる必要がありそうね．

優　「瞬間」は，「一瞬の間」という意味だよね．非常に短い時間，たとえば 0.1 秒とか，0.01 秒とかのことかな．

景子　でも定義は明確にしなければならないから，何秒なのかはっきりする必要があるわね．

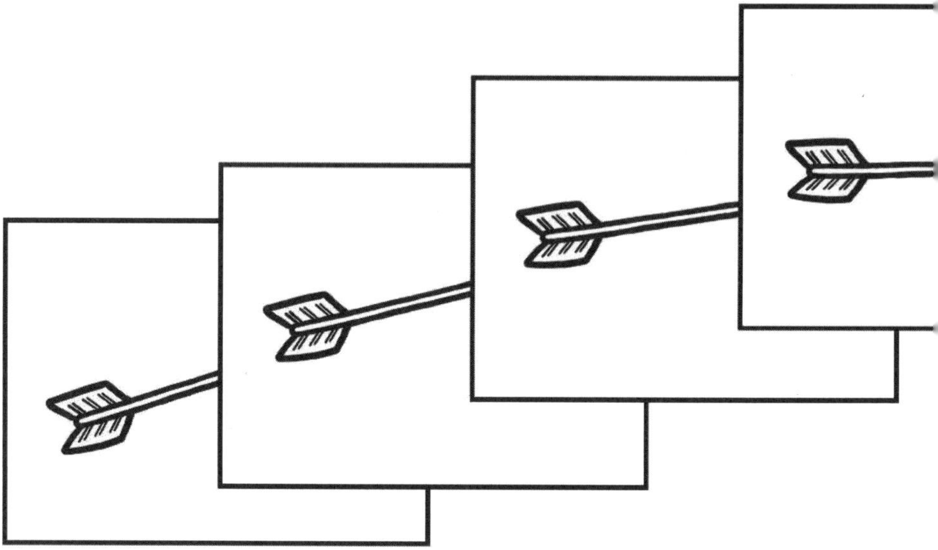

優　本当の意味で「一瞬」と言えるのは，0 秒だよね．だって，「各瞬間に静止している」ということは，少しも動かないということだけど，たとえ，0.1 秒でも時間が過ぎれば，その間に少しは動くからね．

景子　確かに，その意味では 0 秒しかあり得ないわね．正の秒数では必ず進んでしまうから．

優　だけど，0 秒だと本当に静止してしまうから，そこが問題だね．

景子　わかったわ．そこで極限値の考え方を使うのね．

優　どういうこと？

景子　0 秒に限りなく近づけるのよ．

優　そういう極限値を考えるということか．

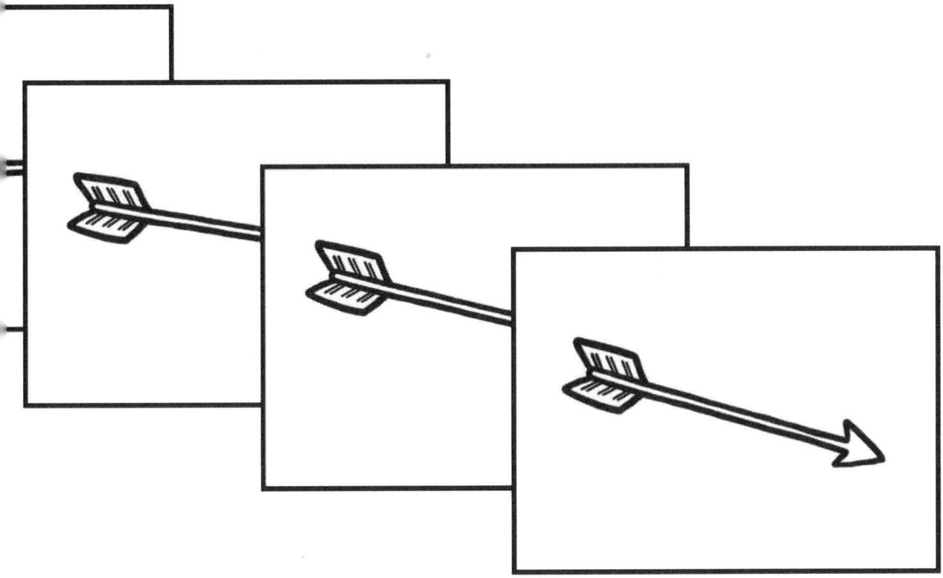

景子　矢が，一定のスピードで，1 秒間に 10 メートル進むとするでしょ．

優　うん．

景子　すると，0.5 秒間に 5 メートル，0.1 秒で 1 メートル，0.01 秒で 10 センチ進むことになる．こんなふうに，時間をどんどん短くしていくのよ．

優　その間に進む距離も，どんどん短くなるね．

景子　そうやって，時間を 0 に限りなく近づけたときの極限が，「瞬間」というものなのではないかしら．

優　なるほど．1 秒間に 10 メートル進んだから，秒速 10 メートルだね．0.5 秒間に 5 メートルで計算しても，

$$\frac{5\text{ メートル}}{0.5\text{ 秒}} = 10\text{ メートル/秒}$$

だから，やはり秒速 10 メートルだね．次に，「0.1 秒で 1 メートル」で計算しても，

$$\frac{1\text{メートル}}{0.1\text{秒}} = 10\text{メートル/秒}$$

だから，やはり秒速 10 メートル． 0.01 秒で計算しても答は同じで，秒速 10 メートルだね．スピードが一定なんだから，当たり前か．

景子 でもポイントは，この計算式で時間を

$$1 \to 0.5 \to 0.1 \to 0.01 \to \cdots$$

と短くしていけることなの．時間を限りなく 0 に近づけた極限値が，「その瞬間の速度」なのよ．

優 どの時間のときも「10 メートル / 秒」だったから，0 に限りなく近づけた極限値も「10 メートル / 秒」だね．

景子 「0 に限りなく近づく」という考え方が，古代ギリシャの理論にはなかったところね．

優 「0 になる」や「0 を代入する」とは違うんだね．

景子 前に，極限値が 2 になる例として，面積 2 の長方形に限りなく近づく図を見たけど，実際に面積 2 の長方形になるわけではなく，限りなく近づくだけだったよね．

優 同じように，時間が「0 になる」わけじゃなくて，「0 に限りなく近づく」ということだね．

景子 先生に報告に行こう．

優 先生,「飛んでいる矢」の問題が解けました.

景子 「瞬間」の定義を考えたらわかりました.

優 時間が0なのではなく，0に限りなく近づくということですよね.

景子 極限値が0でないから，止まっていないです.

ゼータ うーん. 80点をあげよう.

優 100点じゃないんですか？

景子 どこか間違っていますか？

ゼータ いや，間違いというほどではないんだけどね.「瞬間」の定義が，きちんとできているとは言えないなぁ.

優 「時間が0に限りなく近づく」ではダメですか？

ゼータ 気持ちはわかるんだけど,「近づく」は動詞だから,定義にならないな.

景子 時間が0に限りなく近づいたときの「何」なのか，そこまで言えばよいのでしょうか.

優 「動いた距離」かな？

景子 動いた距離を時間で割った値が「速さ」よね.

優 あれ？「瞬間」を定義するのは，難しいな.

景子　先生，どうしたらいいんですか？

ゼータ　ははは．数学はね，定義する順序を間違えるとダメなんだ．**どの言葉から定義すれば全体の論理がうまく行くか，**慎重に決める必要があるんだよ．

優　「瞬間とは何か」から考えるんじゃなくて，ほかの言葉を先に定義するということですか．

景子　どの言葉から定義すればよいのでしょうか．

ゼータ　そもそも，もともとの命題に「瞬間」という言葉は使われていないのだから，必ずしも定義する必要があるとは限らないよね．

優　元の命題は「飛んでいる矢は止まっている」ですよね．

ゼータ　そう．「止まっている」を定義してはどうかな．

優　「止まっている」とは，速さが 0 のことですよね．

景子　そうすると,「速さ」を定義すればよいわけですね．

優　速さは,「進んだ距離」÷「時間」だよね．

ゼータ　その「速さ」の式で, 時間を 0 に近づけた極限値をとったものを,「瞬間の速さ」というんだ．

景子　あ, それで解決ですね. 各瞬間の速さが 0 でないので,「止まっている」わけではなく，動いていることになります．

優　なるほど．「瞬間とは何か」がわからなくても，問題は解けるのか．

景子 「瞬間」を定義せずに,「**瞬間の速さ**」を定義したということですか.

ゼータ そう.「瞬間」という名詞を定義するのではなく,「瞬間の」という形容詞的な修飾語を定義する.式で書くとこうなる.

瞬間の○○ = 時間を 0 に限りなく近づけたときの○○

優 単独の言葉としての「瞬間」は,定義しないんですか.

ゼータ 少なくとも,「飛んでいる矢」の問題を解くためには必要ないよね.国語辞典を作るには,「瞬間」を定義する必要があるけど,それは数学の問題じゃないね.

景子 数学では,論理が通ることが大切なんですね.

ゼータ これで極限値がわかっただろうから,最後に一問,宿題を出そう.この封筒に問題が入っているから,持ち帰って考えてごらん.

優 わかりました.考えてきます.

column 9

パラドックスの解消《かいしょう》

前の column で紹介したパラドックスは，次のようにして解消されます．

◆ ハゲ頭のパラドックス

数学的帰納法の用法は正しく，論証に誤りはありません．この議論の欠陥は，「ハゲ」の定義があいまいなことです．「髪が何本未満」あるいは，「無毛の部分の面積が何平方センチメートル以上」といった明確な記述によってハゲが定義されれば，「すべての人はハゲである」という誤った結論にはなりません．

感覚的には，本数よりも面積で定義する方が，慣用に合っている気がします．ただし，面積を使って定義した場合は，毛髪一本あたりの断面積から，「毛髪が何本以上になれば無毛部分の面積が何平方センチメートル未満になる」などと論証する必要があり，ハゲでない人の存在を示すために多少の手順を踏むことになります．

◆ 同色の馬のパラドックス

これも数学的帰納法を用いていますが，こちらは論証に誤りがあります．「5 頭から 4 頭」「4 頭から 3 頭」「3 頭から 2 頭」と減らしていくところは正しいのですが，この議論は，次の「2 頭から 1 頭」に適用できません．すなわち，任意の 1 頭が同色だからといって，2 頭が同色であるとは言えないのです． 1 頭の組どうしには重複する馬がいないためです．数学的帰納法の典型的な誤用といえます．

◆ ラッセルのパラドックス

これは深遠なパラドックスです．論証には誤りがありません．不備な点は，「すべての集合の全体」を「集合」としたことです．すなわち，「すべての集合の全体」のような大きな対象を，通常の集合と同列に「集合」とみなすことはできないという，驚くべき深遠なる事実が，このパラドックスからわかるのです．

現代の数学では，このように「大きすぎる対象」は「集合」ではなく「圏」（カテゴリー）と呼び区別しています．「集合」の定義は，単なる「ものの集まり」では不十分なのです．しかし，その厳密な定義を与えることは難しい問題であり，ここではできません．この問題は「数学基礎論」という数学の分野で専門的に扱われていますが，それ以外の多くの数学の分野ではそこまで厳密な定義は必要ないため，通常の数学研究でこれが障害になることはあまりありません．

第10話 0.9999…の謎《なぞ》

景子　宿題の封筒，開けて読んでみたわ．

優　どんな問題だった？

景子　$\dfrac{1}{3}$を小数に直すには，「1 ÷ 3」を計算すればよいと，学校で習ったよね．

優　知ってるよ．こうなるよ．

$$\frac{1}{3} = 0.3333\cdots .$$

景子　両辺を 3 倍するとね，左辺は 1 になるけど，右辺は，

$$\begin{array}{rr} & 0.3333\cdots \\ \times & 3 \\ \hline & 0.9999\cdots \end{array}$$

となるのよ．

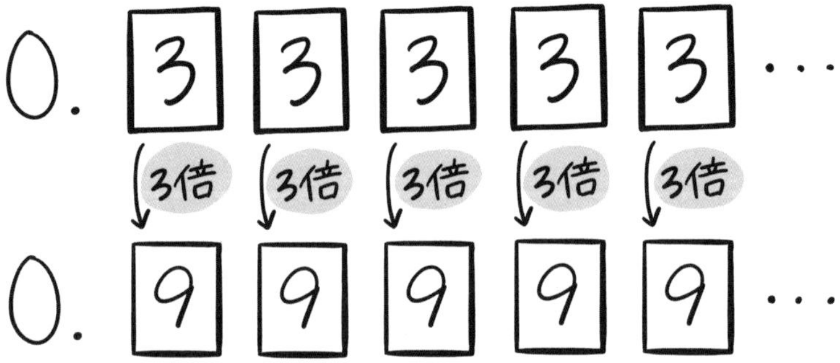

優　結局，1 = 0.9999…となってしまうね．

景子　宿題は，**この両辺が，はたして本当に等しいのか**を説明することなの．1 と 0.9999…の間に何があるのかということね．

優　見た感じだと，等しくないよね．

景子　そもそも，一の位が左辺は 1，右辺は 0 だから，違うわよね．

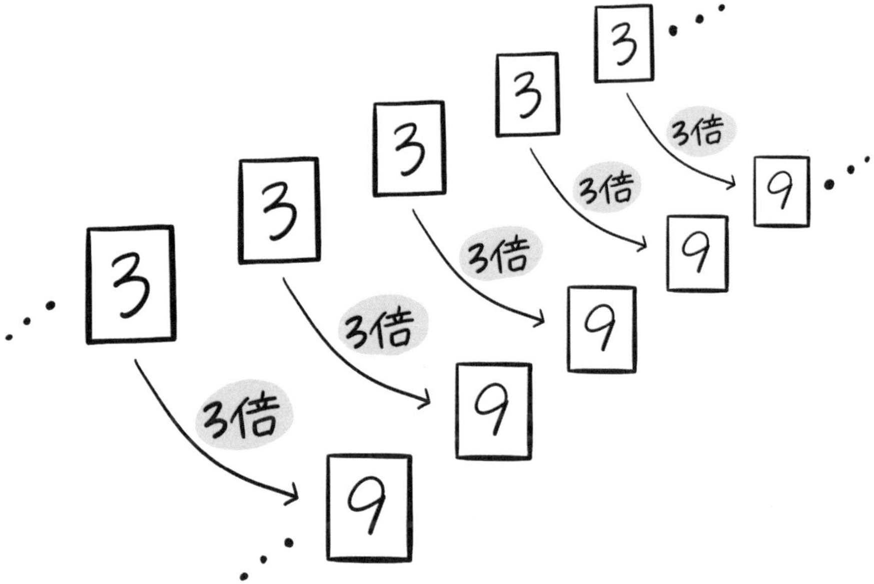

優　左辺の 1 の方が，ほんの少しだけ大きいんじゃないかな．

景子　各桁の数字の表す意味を一つ一つ確認してみるのはどうかしら．

優　右辺の一の位が 0 である時点で，右辺は 0 と 1 の間にあることが確定だよね．つまり左辺と右辺の差は 1 以下となる．

景子 そして，右辺の小数第一位が9である時点で，右辺は0.9と1の間にあることが確定ね．だから左辺と右辺の差は0.1以下となるわ．

優 次は，小数第二位が9だから，右辺は0.99と1の間にあることがわかるね．左辺と右辺の差は0.01以下になるね．

景子 これを繰り返すと，左辺と右辺の差は0.001以下，0.0001以下と，どんどん小さくなっていくわよね．

優 あれ？ これって，極限値なんじゃない？

景子 あ，そうか．左辺と右辺の差は，

$$1,\ 0.1,\ 0.01,\ 0.001,\ \cdots$$

となっていくから，0に限りなく近づく．

優 だから極限値は0なので，左辺と右辺の差は0.

景子 よって，左辺と右辺は等しい．こういうことね．

優 見た目が違う式だけど，実は等しいんだね．

優 先生，解けました．

景子 左辺と右辺の差は，0に限りなく近づくから，極限値は0になります．

優 だから，左辺と右辺は等しいです．

ゼータ なるほど． 80点だね．

景子 またですか？ 残念.

優 どこか違いましたか？

ゼータ 答えは合っているけど，説明が不十分だね.

景子 もしかして，また定義の問題ですか？

ゼータ そうだよ．問題を振り返ってごらん.「**1 = 0.9999…は正しいか？**」だったね.

優 はい.

ゼータ まず何よりも先に，0.9999… という数を定義する必要がある．「…」の意味を明確にしなければならない.

景子 それは，0.9, 0.99 ,0,999, … としていって限りなく近づく値のことだから…

優 そうか，僕たちは右辺と左辺の差を考えたけど，その前に，この「…」が，そもそも極限値を表していたんですね.

ゼータ その通り．0.9999…は，数字でなく**数式の極限値**と見るべきなんだ．分数で書くと，

$$0.9999\cdots = \frac{9}{10} + \frac{9}{100} + \frac{9}{1000} + \frac{9}{10000} + \cdots$$

となる．右辺を共通因子でくくると見やすくなるよ.

優 分子は9で，共通しているね.

景子　分母は，全部の項が 10 の倍数だわ．

優　それなら，$\frac{9}{10}$ でくくれるはずだね．

景子　くくってみると，こうなるわね．

$$0.9999\cdots = \frac{9}{10}\left(1 + \frac{1}{10} + \frac{1}{100} + \frac{1}{1000} + \cdots\right).$$

ゼータ　ここで何か気づいたかな？

優　あ，右辺のカッコ内は，

$$1 + \frac{1}{10} + \frac{1}{100} + \frac{1}{1000} + \cdots.$$

この式ですけど．前に見た式に似ていますね．

景子　あ，それなら，前に教えてもらったこれね．

$$1 + \frac{1}{2} + \frac{1}{4} + \frac{1}{8} + \frac{1}{16} + \cdots = 2$$

優　このときは，どの項も前の項の $\frac{1}{2}$ 倍だったけど，今の式は，$\frac{1}{10}$ 倍になっている．$\frac{1}{2}$ が $\frac{1}{10}$ に変わっただけか．

ゼータ　高校の授業でも習うように，どの項も前の項の定数倍であるとき，その定数を**公比**，数列を**等比数列**，項の和を**等比級数**と呼ぶんだよ．

景子　公比が $\frac{1}{2}$ だったときは，長方形の図を使って極限値が 2 とわかったけど，今回はどうすればよいのかしら．

ゼータ　残念ながら，図で求める方法は，一般の公比には通用しないんだ．

優　では，図を使わずに極限値を求めなくてはならないのですね．

ゼータ　それにはいくつかの方法があるんだ．その一つ，マトリョーシカ法を教えよう．

景子　マトリョーシカって，ロシアの人形ですか．

優　上下に二つに分かれて，開けると中に一回り小さな人形が入っている，あれですね．

ゼータ　中の人形が，外の人形と相似形という点が重要だよ．

景子　そっくり同じ形の人形が，入っているんですよね．

ゼータ　この式の第 2 項から後ろを，$\frac{1}{2}$でくくってごらん．

$$1+\frac{1}{2}+\frac{1}{4}+\frac{1}{8}+\frac{1}{16}+\cdots$$

優　えっと，こうかな．

$$1+\frac{1}{2}\left(1+\frac{1}{2}+\frac{1}{4}+\frac{1}{8}+\cdots\right)$$

景子 あ，カッコの中が，最初の式と同じになったわ．

優 元の式の中に，その $\frac{1}{2}$ 倍が入っていたのか．本当にマトリョーシカみたい．

ゼータ 仮に 2 という答を知らなかったとして，求める極限値を

$$S = 1 + \frac{1}{2} + \frac{1}{4} + \frac{1}{8} + \frac{1}{16} + \cdots$$

とおくと，簡単な方程式を作れる．

景子 マトリョーシカを式で表すと，こうなるわね．

$$S = 1 + \frac{1}{2}S.$$

優 これより，$S = 2$ と解けますね．

景子 この方法なら，$\frac{1}{2}$ を $\frac{1}{10}$ に変えても計算できそうですね．

優 マトリョーシカ法をやると，

$$1 + \frac{1}{10} + \frac{1}{100} + \frac{1}{1000} + \cdots = 1 + \frac{1}{10}\left(1 + \frac{1}{10} + \frac{1}{100} + \cdots\right).$$

景子 求める和を S とおくと，

$$S = 1 + \frac{1}{10}S.$$

優 なので，$S = \frac{10}{9}$ ですね．

景子 問題に戻ると，次の式が 1 に等しいかどうかを調べていたのでしたね．

$$0.9999\cdots = \frac{9}{10}\left(1 + \frac{1}{10} + \frac{1}{100} + \frac{1}{1000} + \cdots\right).$$

優　このカッコ内が S だから，この式を計算すると，

$$0.9999\cdots = \frac{9}{10} \times S = \frac{9}{10} \times \frac{10}{9} = 1.$$

景子　1に等しくなったわ．

優　これで，答がわかったね．1 = 0.9999… は正しい式で，両辺とも全く同じ値を指しているんだ．

景子　左辺の1は普通の数字だけど，右辺の 0.9999… は「数列の項の和の極限値」という意味の数式なのね．

優　その答えが1というわけだね．

景子　数式だから，1 = 3 − 2 とか $1 = \frac{1}{2} + \frac{1}{2}$ のように，1という数をいろいろに表現できるのは当たり前で，1 = 0.9999…もその一つなのね．

column 10

無限《むげん》の大《おお》きさを測《はか》る方法《ほうほう》

数学は，「人類の無限への挑戦」であるともいえます．人間の目に見えるもの，人間の耳で聞こえる音，人間の手で触れるもの，これらのすべてが有限です．人間には，無限を体感することができません．

しかし，数学の「三角形の内角の和は 180° である」や「自然数は素数の積に表せる」などの命題では無数の三角形や自然数を想定します．数学の定理を証明するとき，人は無限を相手にしなくてはなりません．

ところが、無限の大きさについて，19 世紀の後半までは明確な認識ができませんでした．たとえば，**「整数と偶数はどちらが多いか」**という単純な問いかけにも，人類は正解を与えることができませんでした．皆さんはどう答えますか？ この問題を初めて聞いた人の大半が，「整数が多い」と答えるでしょう．なぜなら，偶数は整数の一部であり，整数から偶数を取り去っても奇数が残るからです．

ところが，この考えは，すぐに矛盾に突き当たります．整数を 0 から順に並べ，偶数を黒く塗って●とします．次に，●の下に再び 0 から整数を並べていきますと，最初に並べた整数列の縮尺を倍に拡大した図ができます．拡大しただけでは要素の数は変わらないはずですので，●の数は，○と●の合計と等しいことになります．

0	1	2	3	4	5	6	7	8	9	10	11	12	…
●	○	●	○	●	○	●	○	●	○	●	○	●	…
0		1		2		3		4		5		6	…

この矛盾は，19 世紀後半に**カントール**という数学者によって解消されました．カントールは，人間の直感が誤っていたことに気づいたのです．彼は，無限集合どうしの大きさが等しいことを，「一対一の対応が存在すること」であ

ると定義しました．ここでいう「対応」とは，一方の集合のすべての要素が，他方の集合の要素に漏れなく対応することです．「一対一の対応」は，数学用語では「全単射」と呼ばれます．

先程の例では，整数 n に対して偶数 $2n$ を与える対応が一対一になりますので，整数と偶数は同数だけある．同じ大きさの無限集合をなしていることがわかります．

「一対一の対応」に注目したカントールの考えは，無限を扱う方法として自然であると考えられています．200頭の羊を牧場で飼っている古代の羊飼いが，200という大きな数を数えられなくても，夕刻に全頭が小屋に戻ったことを確認する方法があります．それは，あらかじめ羊と同数の小石を布袋に入れておき，朝，一頭の羊を牧場に出すたびに一つの小石を布袋から出し，夕方に羊が小屋に一頭戻るごとに一つの小石を袋に戻すことです．まだ小石が残っていれば，羊が牧場に残っているとわかります．

無限を前にした私たちは，200という大きな数を知らなかった古代人と同じであると，そんなふうに謙虚に考えると，一対一の対応に忠実にこだわる姿勢の大切さを実感できます．

第11話　収束《しゅうそく》と発散《はっさん》

ゼータ　マトリョーシカ法を使えば，0.9999…だけじゃなく一般の等比数列の和の極限値を求めることができるんだよ．初項を a，公比を r とおいてやってごらん．

景子　等比数列は，こんなふうになるわね．

$$a, \quad ar, \quad ar^2, \quad ar^3, \cdots$$

優　和を作ってその中に自分自身と同じものを見つけるには，第1項だけを取り分けるんだったね．

景子　そして，第2項から先を r でくくるのよね．こんなふうに

$$a + ar + ar^2 + ar^3 + \cdots = a + r(a + ar + ar^2 + ar^3 + \cdots)$$

優　よし，カッコ内は左辺と同じだから，マトリョーシカができたぞ．

景子　左辺を S とおくと，マトリョーシカは，こんな数式で表せるね．

$$S = a + rS.$$

優　これを解くと，うん．答えが出たぞ．

$$S = \frac{a}{1-r}$$

ゼータ　計算は合っているけど，これだけだと50点といったところかな．

景子 せっかく計算ができたのに，何か漏れがありましたか？

ゼータ 文字を使った一般式で表すときは，各文字の定義を明確にする必要があるよ．

優 なるほど．ではまず，aから考えてみますね．えっと，aは，どんな数でもいいみたいですね．

景子 そうね．上の式変形では，特にaに関する条件は必要ないように見えますね．

ゼータ うん．「aは任意の実数」としていいだろうね．では，rはどうかな．

優 最後のところで，両辺を $1-r$ で割っているから，$r \neq 1$が必要だと思います．

ゼータ その通りだけど，それだけでいいのかな？ たとえば，$r=2$でもよいと思うかい？

景子 いいえ．ダメです．そのときの数列は $a, 2a, 4a, 8a, \cdots$となるから，aが正だとどんどん大きくなってしまいます．

優 本当だ．公式に $r=2$ を代入した $\dfrac{a}{1-r}=-a$ と異なるから，公式は成り立ちませんね．

ゼータ その通り．では，公式の証明は間違っていたことになるね．どこに間違いがあったか，わかるかい？

景子 途中の計算に間違いはなかったのだから…もしかして，最初にSと置いたところですか？

ゼータ そうなんだ．数列がどれかの値に限りなく近づくとき，数列は**収束**すると言う．

優 さっきの計算では，数列が収束するときに極限値を S と置いたわけですね．

ゼータ 一方，数列がどの値にも近づかないとき，**発散**すると言う．

景子 発散する場合は，極限値がないから，S と置けないわけですね．

ゼータ だから，S と置いたこと自体が間違いというわけだ．

優 a とか r とかの記号を使うと，つい条件を忘れがちだけど，気を付けないといけませんね．

ゼータ 発散する中でも，限りなく大きくなるとき，∞という記号を使うよ．こんなふうに．

$$a + 2a + 4a + 8a + 16a + \cdots = \infty \qquad (a > 0).$$

景子 「$S = \infty$」という書き方をしてもいいんですか？

ゼータ いいよ．ただし，∞は数ではないことに注意する必要があるね．「限りなく大きくなる」という発散の状態を表す記号だよ．

優 公式 $S = \dfrac{a}{1-r}$ は，$r = \dfrac{1}{2}$，$\dfrac{1}{10}$ のときは正しかったけど，$r = 2$ のときは間違いでした．公式が成り立つ r の範囲はどこなんでしょうか．

景子 等比数列の和の極限値が収束するような r の範囲を求めたいわね．

ゼータ　では，以下の議論では $a \neq 0$ としよう．

優　$a = 0$ のときは，すべての項が0だから，考える必要はないですからね．

景子　$a = 0$ なら，公式が成り立つ範囲は「すべての実数 r」で，解決ですね．

ゼータ　$a \neq 0$ のとき，収束か発散かを判定するには，等比数列の第 n 項までの和 S_n を n の式で表し，そこで $n \to \infty$ とした極限値の存在を判定すればよい．2人で考えてきてごらん．

優　求める S_n は，こんな式だよね．

$$S_n = a + ar + \cdots + ar^{n-1}.$$

景子　これをどうやって計算しようかしら．私たちが知っている方法と言えば，マトリョーシカ法ね．第1項を取り分けて，第2項から先を r でくくると，

$$S_n = a + r(a + ar + ar^2 + \cdots + ar^{n-2}).$$

優　こんどは，カッコ内の項数が一つ減って，$n-1$ 項になったね．マトリョーシカのような相似形にならないな．

景子　マトリョーシカを強引に作ってみたらどうかしら．カッコ内に ar^{n-1} を足して，式の最後にその分を引いて調整すると，

$$S_n = a + r(a + ar + ar^2 + \cdots + ar^{n-2} + ar^{n-1}) - ar^n.$$

優　さすがは景子ちゃん，うまいね．これでカッコ内が S_n と同じになったから，マトリョーシカ完成だね．

景子　$S_n = a + rS_n - ar^n$ となったわね．

優　これを解くと，答が出たぞ．こんな公式になる．

$$S_n = \frac{a(1-r^n)}{1-r}.$$

景子　計算の最後に，両辺を $1-r$ で割っているから，この公式には $r \neq 1$ という条件が必要ね．

優　$r=1$ のときは，数列の全部の項が a になるね．同じ数を無数に加えるんだから，和は明らかに発散するな．

景子　S_n の式の中で，n が入っているところは r^n だけだから，r^n が $n \to \infty$ で収束すれば，S_n も収束しそうね．

優　r^n とは，r という同じ数を n 個掛けることだから，$-1<r<1$ のときに収束して，$r \leqq -1$ と $r>1$ のときは発散するね．

景子　収束する範囲の $-1<r<1$ では，r^n は限りなく 0 に近づくから，S_n は $\dfrac{a}{1-r}$ に近づくわね．

優　あ，さっき求めた S の公式と一致したよ．

景子　これでわかったわ．求める r の範囲は $-1<r<1$ ね．先生に報告に行きましょう．

景子 先生，解けました．等比数列の和の公式は，第 n 項までの和が

$$S_n = \frac{a(1-r^n)}{1-r}.$$

優 そして，$-1<r<1$ のとき，$n \to \infty$ とした極限値が収束して，次の公式が成り立ちます．

$$S = \frac{a}{1-r} \qquad (-1<r<1).$$

ゼータ よくわかったね． 100 点だよ．実はね，こうやって，数列の和の収束・発散を調べる問題は，最先端の研究でも重要なんだ．

景子 今でも解けていない問題があるんですか？

優 いったい，どんな問題なんですか？

ゼータ 「リーマン予想」という，数学最大の未解決問題といわれている予想が，実は，ある級数の収束の問題であることが，最近わかってきたんだ．

景子 数学の問題に「予想」という名前が付いているんですか？

ゼータ そうなんだよ．次回はその辺りから説明しよう．

column 11

一番小《いちばんちい》さな無限《むげん》

column10で説明した「一対一の対応」を，いろいろな集合どうしで確認すると，以下の事実がわかります．

• 自然数，整数，偶数，奇数，素数の全体は，すべて同じ大きさの無限集合をなす．

これらと同じ大きさの集合を**可算集合**と呼び，その大きさを**可算無限**と呼びます．可算無限は，有限に「1つの要素を加える操作」を繰り返した極限として生まれる無限であり，1つの要素を加える行為は，集合を広げる最小のプロセスですから，可算無限は「最小の無限大」となります．

可算とは，「数えられる」という意味です．自然数と一対一の対応があることから，「1に対応する要素」「2に対応する要素」「3に対応する要素」…と並べていく（＝数える）ことで全体を尽くせるので，こう名付けられました．

すべての要素を一列に並べられる集合は，可算集合です．たとえば，2数の組 (x, y) (x, y は自然数) の全体は可算集合です．その理由は，

$$(1, 1),\ (1, 2),\ (2, 1),\ (1, 3),\ (2, 2),\ (3, 1),\ \cdots$$

のように，最初は $x+y=2$ となる組 $(1, 1)$ を並べ，次に $x+y=3$ となる組 $(1, 2)$ と $(2, 1)$ を並べるというように，$x+y$ の大きさごとに並べれば，全体を尽くせるからです．この結果から，次の事実もわかります．

• 有理数の集合は，可算集合である．

有理数とは，分母と分子がともに整数であるような分数のことです．分母と分子の組は，2つの自然数の組と対応づけられるため，有理数が可算集合をな

すことがわかります．

これは，人の直感に反する意外な結論かもしれません．有理数の集合は数直線上にすき間なく存在しているからです．自然数など，他の可算集合が離散的に存在しているのに比べると形状が異なります．

「すき間なく」とは，「どんなに小さな区間の中にも要素が含まれる」という意味です． 2つの有理数の平均（中間値）がまた有理数であることから，有理数は「すき間なく」存在することがわかります．

カントールは，「一対一対応」の定義に忠実な論証をすることにより，無限に関して一見，直感に反するかに見える真実を発見し，無限に対する人類の認識を大きく進展させたのです．

第12話 数学《すうがく》の予《よ》想《そう》とは

ゼータ 二人は，「数学の問題」というと，何を想像するかな？

優 僕は，学校の宿題を思い浮かべます．いつも解けなくて困っているから．

景子 私は，試験問題です．勉強したのに本番で解けなくて悔しい思いをしたことがあって．

ゼータ そういう問題には必ず正解があって，本の巻末に載っていたり，先生が知っていたりするよね．

優 もちろん，正解がなかったら，答え合わせができませんからね．

景子 試験の採点もできないですし．

ゼータ 学校は基礎を学ぶ場所だから，あらかじめ正解が準備されていて，その通りに解く練習を積むんだけど，それは数学という学問のごく一部なんだよ．

優 ほかにどんな数学があるんですか？

ゼータ 数学で最も重要なことは，**定理を発見して証明する**ことなんだ．たとえば，学校で公式 $S=\dfrac{a}{1-r}$ を習ったら，

「$a=3$，$r=\dfrac{1}{2}$ のときの S を求めよ」

のような問題が出るよね．

景子　はい．公式を覚えておいて，そこに問題文の数値を代入して解きます．

ゼータ　初心者向けの練習問題はそれでいいんだけど，より広い一般の数学から見れば，その公式 $S=\dfrac{a}{1-r}$ を発見したところが一番重要なんだ．

優　僕たちが前回したことですね．

ゼータ　そしてその発見は，単に「見つける」だけでなく，論理的に「証明する」ことが必要だ．

景子　学校の試験でも証明問題が出ることもありますから，意味はわかります．

ゼータ　証明された事実を**定理**という．そして，証明される前の命題を**予想**というんだ．

優　試験に出る証明問題には正解があって，先生は証明を知っていますよね．

景子　でも，まだ世界中の誰にも証明できていない定理もあるのですね．

ゼータ　そうだよ．証明できていない命題は，証明されて初めて「定理」と呼ばれ，その前は「予想」というんだ．

景子　それで，未解決問題に「予想」という名前が付いているんですね．

優　未解決問題は，たくさんあるんですか？

ゼータ　アメリカ数学会のデータベースによると，2017 年に出版された数学の著作物は世界で 12 万 1597 件．そのほとんどが**新しい定理を含んだ論文**だよ．2018 年以降のデータは整備中だけど，年々増えていることは確実だね．

景子 ひとつひとつの論文に，予想の証明が書かれているんですか？

優 そんなにたくさんの予想があるんですか？

ゼータ 前に世界の誰かが予想したことを，初めて証明した論文もあるし，その論文で新しい予想を提起して，それを証明した論文もあるよ．ほとんどの論文は，そのどちらかのパターンだね．

景子 では，自分で提起するのも入れれば，予想の数は膨大ですね．

ゼータ 数学者の考えの分だけ予想があるといってもいいね．

優 数多くの未解決問題から，数学者はどうやって問題を選ぶんですか？どこかに問題のリストがあるんですか？

ゼータ まず，数学には有名な未解決問題がいくつかあって，それらは本で紹介されていたり，論文にリストが載っていたり，いろいろな場面で目にすることがあるよ．でも，そういう有名問題はすぐに解けるわけじゃない．

景子 有名問題以外にも，問題はあるんですか？

ゼータ 有名問題を研究していると，それが直接は解けなくても，それに似た定理が証明できることがある．あるいは，「仮にこんな命題を証明できれば，有名問題が証明できる」といった事実がわかることがある．

優 なるほど．そうすると，今度はその命題が新しい予想になるんですね．

ゼータ ところが，それがまたすぐには解けなくて，さらに別の命題がわかれば証明できることがわかったりする．

景子 そうやって次々に「これがわかればよい」と，新しい目標が生まれていくんですね．

優 「仮にこれを証明できれば，有名問題が解ける」という事実も，それ自体が論文として認められるんですか？

ゼータ まさにそうなんだ．それは，有名問題そのものを解いたわけでなく，「その有名問題を何かに帰着できるか」という別の未解決問題を解いたことになる．

景子 未解決問題は，最初からリストがあるわけじゃなくて，解く人が創り出すものでもあるんですね．

ゼータ 優れた数学者とは，「難しい問題を解ける人」ではなく，「**よい問題を産み出せる人**」だともいわれるくらいだよ．

優　問題を作るといっても，証明問題ですからね．

景子　「○○を証明せよ」という問題を作るには，○○という命題が成り立つことを見抜く必要があり，それは新たな発見ですよね．

ゼータ　それがまさに，「予想」なんだよ．

優　なるほど．だから，数学では予想が重要で，未解決問題が予想の形をしているわけですね．

景子　予想が間違っていることもあるんですか？

ゼータ　有名な例は，17 世紀にフェルマーが提唱した，こんな予想があるよ．

「すべての $n=1, 2, 3, \cdots$ に対し，$2^{2^n}+1$ は素数である」

優　電卓で計算してみると，

$n=1$ のときは $2^2+1=5$，
$n=2$ のときは $2^4+1=17$，
$n=3$ のときは $2^8+1=257$，
$n=4$ のときは $2^{16}+1=65537$．

ここまではすぐにわかりますね．

景子　これらは確かに素数になることも，電卓で確かめるとわかります．

優　次の $n=5$ のとき，$2^{32}+1$ は，かなり大きな数で，8 ケタの電卓では計算できませんね．

景子　電卓もなかった 17 世紀には，困ったでしょうね．

ゼータ だから，フェルマーは予想するしかなかったんだよ．でも，18 世紀にオイラーが，

$$2^{32}+1=4294967297=641\times 6700417$$

と素因数分解されることを発見し，フェルマーの予想は誤りであることが立証されたんだ．

優 18 世紀でもまだ電卓はなかったと思いますが，オイラーは手で直接計算したんですか？

ゼータ さすがに違うよ．オイラーは，

「すべての $n=1, 2, 3, \cdots$ に対し，
$2^{2^n}+1$ の素因数が $k\cdot 2^{n+1}+1$ の形になる」

という定理を証明したんだ．

景子 $n=5$ のときは，$k\cdot 2^6+1$ の形ということですね．

優 つまり，素因数から 1 を引くと，$2^6=64$ の倍数になるということですね．

景子 そうすると，素因数の候補は絞られますね．$k=1$ から順に試していけば，$k=10$ のときに $10\cdot 2^6+1=641$ となり正解にたどり着きます．

優 一見，単なる数値計算に思える結果でも，一般的な定理のおかげで初めて得られるものもあるんですね．

ゼータ そこが大切なところなんだ．世間で数学というと，難しい計算のことだと思う人もいるかもしれない．でも数学で重要なのは，計算結果よりも**そこに至る過程の考え方**なんだ．

景子　一般的な定理や原理を発見することが，数学の研究なんですね．

優　そういう研究を経て，それまでできなかった計算ができたり，新しい事実がわかったりするんですね．

景子　アキレスと亀の話のときも，かけっこの勝負の結果より，なぜその結果になるのかという仕組みが重要で，そこから極限値を学びましたね．

優　アキレスと亀という具体的な内容から離れた純粋な理論だからこそ，別の場面に応用が利くんですね．

ゼータ　もともと，「アキレスと亀の話」を聞けば，誰もが「何かが違う」と違和感を感じる．**筋道を通して違和感を解消したくなる自然な欲求**が，人間にはあるよね．

景子　それは，世の中に役立つかどうかではなく，純粋な好奇心から湧き上がってくる気持ちですね．

ゼータ　そうなんだ．いわば人間の本能と呼んでもよいかもしれない，そんな自然な欲求が，「数学をする」ことの根源にあるんだよ．

優　そんなところから数学が生まれたとは，知りませんでした．

景子　人の感性が重要な学問なんですね．

column
12

少《すこ》し大《おお》きな無限《むげん》

有理数の全体が可算集合をなすことを column11 で述べました．カントールは，さらに，実数が可算集合より大きな無限集合をなす事実を発見しました．彼の証明は対角線論法と呼ばれており，背理法を使います．

実数の全体が可算集合をなしたと仮定し，すべての要素を一列に並べます．たとえば，こんなふうに並べたとしましょう．

$$0.\,1\,2345\cdots$$
$$0.2\,3\,456\cdots$$
$$0.34\,5\,67\cdots$$
$$\vdots$$

このとき，以下の方法で新しい実数を定義します． 1番目の実数の小数第一位（図の 1 ）と異なる数（たとえば2）を小数第一位に置く． 2番目の実数の小数第二位（図の 3 ）と異なる数（たとえば4）を小数第二位に置く．3番目の実数の小数第三位（図の 5 ）と異なる数（たとえば6）を小数第三位に置く．この操作を繰り返し，すべての自然数 n について，n 番目の実数の小数第 n 位と異なる数を，小数第 n 位に置くと，

$$0.246\cdots$$

という新しい実数ができます．この数は，上の列のどの要素とも異なります．なぜなら，すべての自然数 n について，n 番目の実数とは小数第 n 位が異なるからです．したがって，この一列ですべての実数を並べつくすことは不可能であることがわかり，背理法によって，実数の全体の集合は，可算集合ではないことが証明されました．

可算集合でない集合を**非可算集合**と呼び，その大きさを**非可算無限**と呼びます．その中でもとくに，実数全体の大きさを**連続無限**と呼びます．連続的な数直線上の点を実数とみなせることから，そう名付けられました．

有理数と実数で集合の大きさが異なるという事実は，有理数が「循環小数」か「有限小数」であることからも理解できます．小数第一位，第二位，と順に一桁ずつ，0 から 9 までの 10 枚のカードから 1 枚ずつ引いて数字を決めていく作業を考えたとき，有理数となるのは，同じカードの顔ぶれが永遠に繰り返される場合ですが，ランダムにカードを引いた場合，そんなことはほとんど起きえないでしょう．実数の中で有理数は極めて稀な存在であるとわかります．

有理数は数直線上，「すき間なく」存在していましたが，本当は，それでも「穴だらけ」だったのです．

第13話 ユークリッドの定《てい》理《り》

景子 ほかにはどんな未解決問題があるんですか？

ゼータ 史上最大の難問「**リーマン予想**」は，いずれゆっくり説明するとして，それ以外だと「**双子素数予想**」や「**ゴールドバッハ予想**」が有名だね．

景子 双子素数とは，双子の素数という意味ですか？

優 素数なら，学校で習った気がします．たしか，約数に関係があったような．

ゼータ 約数のことは覚えているのかな．

景子 割り切れる数のことです．たとえば，12は4で割り切れるから，4は12の約数です．

優 $12 \div 4 = 3$ ですね．

景子 両辺を4倍して，$12 = 3 \times 4$ と掛け算で書くこともできます．この式から，3と4がどちらも12の約数であることがわかります．

優 ほかにも，$12 = 2 \times 6$ や，$12 = 1 \times 12$ が成り立つので，12の約数は1, 2, 3, 4, 6, 12の6個あるとわかります．

ゼータ 掛け算は長方形で表せるね．$12 = 2 \times 6$ や，$12 = 3 \times 4$ は，こんなふうになる．

景子　$12 = 1 \times 12$ は，こうなりますね．

優　このときだけは，長方形でなく，一直線ですね．

ゼータ　どんな数も一直線に並べられるけど，長方形に並べられるかどうかは数によって違うんだ．

景子　たとえば，5 は，$5 = 1 \times 5$ としか表せないので，長方形には並べられず，一直線しかないですね．

優　6 は，$6 = 1 \times 6$ と，$6 = 2 \times 3$ だから，一直線のほか長方形でも表せます．

ゼータ　一直線でしか表せない数を，**素数**と呼び，長方形でも表せる数を合成数と呼ぶんだ．ただし 1 はどちらでもないとする．一つの○は，一直線でも長方形でもないからね．

景子　5 は素数ですが，6 や 12 は素数ではなく合成数なのですね．

優　約数でいえば，「素数の約数は，1 とその数の 2 個だけ」ということですね．

ゼータ　素数は，小さい方から挙げると

2，3，5，7，11，13，17，19，23，…

となっている．この列が**どこまで続くか**，知っているかな？

景子　本で読んだので知っています．「素数が無数に存在すること」は，**ユークリッドの定理**ですよね．

優　そうなんですか？ 無数にあることが，どうしてわかるんですか？

ゼータ　証明は，紀元前3世紀という昔から知られているよ．「素数の積に1を加える」というアイディアで証明できるんだ．

景子　たとえば，2つの素数2，3から始めると，

$$2 \times 3 + 1 = 7$$

となりますね．

ゼータ　こうして作った数7は，2でも，3でも割り切れない．というのは，この図をじっと見るとわかるだろう．

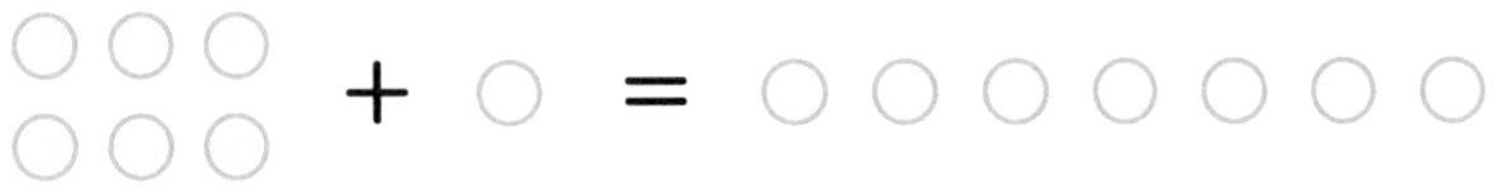

右辺で一直線になっている7個を，一辺が2個とか3個の長方形に並べるのは不可能だよね．

優　ははあ．なるほど．左辺の6で，すでに2列とか3列に並んでいるから，そこに半端な1個を加えても新しい列をなすには足りないですね．

景子　7は，2つの素数2，3のどちらで割っても1余る．つまり，2でも3でも割り切れないということですね．

ゼータ 7は実際には素数なのだけど，7が素数であることを確かめる前に，今得た事実だけから，論理的にわかることがある．何だと思う？

景子 7は，2つの素数2, 3以外の新しい素因数を持つということですね．

ゼータ そう． 7が素数であることを知らなくても，7が2, 3以外の新しい素数を含むことは，論理的に確定するわけだ．

優 2, 3以外の3つ目の素数の誕生ですね．

ゼータ 実際に7は素数だから，3つの素数2, 3, 7を得る．仮に7が素数でなくpという素因数があったら，3つの素数2, 3, pを得る．

景子 ユークリッドの方法によると，次は

$$2 \times 3 \times 7 + 1$$

を考えるわけですね．

優 この数から，4つ目の素数が得られるわけですね．

ゼータ　この手順を永遠に繰り返せば，いくらでも新しい素数を得ることができる．したがって，素数は無数にたくさんある．以上がユークリッドの証明だよ．

景子　出発点の素数 2, 3 に特別な意味はなく，どんな素数から始めても，それ以外の新たな素数を構成できる手順を示しているんですよね．

ゼータ　その通り，これは，一般の n 個の素数から $n+1$ 個目の素数を構成するアイディアを表わしているよ．

優　定理が理論的に証明されているわけですね．

ゼータ　以上の状況をより明確にするため、通常、数学では，証明を記す際に，一般的な記号を用いるんだ．

景子　2 つの素数を a, b とおき，積に 1 を加えた数 $ab+1$ を考えるということですね．

優　上の例では，$a=2$，$b=3$ だったわけですね．

ゼータ 確かにそうなんだけど，$ab+1$ を考えるのは，2 個の素数から 3 個目を得るときだけだよね.

景子 次に 4 個目を得るときは，3 個目の素数を c とおいて，$abc+1$ を考えることになります.

優 そうやっていくと，きりがないですね.

景子 最初の素数は何個あってもよいはずですから，a, b, c では置ききれないでしょうか.

優 そもそもアルファベットは全部で 26 個しかないし…

ゼータ そうなんだ．そこで数学では，a, b, c の代わりに a_1, a_2, a_3 と添え字を付けた記号を使うんだ．そうすると，a_1, a_2, a_3, $\cdots$, a_n と書けば，一般的な n 個の数を表すことができる.

景子 n を任意の正の整数としておけば，何個でも表せるのですね.

ゼータ 素数は英語で prime というので，頭文字の p を使って表す習慣がある．a でなく p に添え字を付けると，ユークリッドの証明は

> n 個の素数 p_1, p_2, p_3, $\cdots$, p_n が任意に与えられたとする.
> このとき，$p_1 \times \cdots \times p_n + 1$ の素因数の一つを p_{n+1} とすると，
> p_{n+1} は p_1, p_2, $\cdots$, p_n のどれとも異なるので，
> $n+1$ 個目の素数 p_{n+1} が存在する

という具合に書けるよ.

優 p_1, p_2, $\cdots$, p_n と添え字が付くと難しそうに見えますが，単に「n 個の素数」という意味なのですね.

column 13

2番目《ばんめ》に小《ちい》さな無限《むげん》は？

column 12で，有理数は可算無限，実数はそれより大きな連続無限の要素からなることを説明しました．では，その2つの無限の間には，別の無限があるのでしょうか．それとも，可算無限の次に小さな無限大が連続無限なのでしょうか．

これは，20世紀に「連続体仮説」と呼ばれた有名な未解決問題でした．「可算無限の次が連続無限であり，その間に別の大きさの無限は存在しない」という予想を，**連続体仮説**と呼びます．

通常，数学の予想は「多くの人々が信じているが，証明できない」ことが多いのですが，連続体仮説については，一流の数学者も賛成派と反対派に分かれ，真偽が不明でした．

この論争に決着をつけたのが，アメリカ人数学者の**コーエン**です． 1963年，コーエンは驚くべき結果を発表しました．それは，「連続体仮説は，既存の数学の公理系と独立である」というものです．

公理とは，数学を行う上で証明なしで認める，すべての論理の基礎となる命題です．たとえば，「等式の両辺に同じ数を加えた等式は成り立つ」「足し算は交換が可能である」などは公理です．

コーエンは，通常の数学の公理を用いただけでは，連続体仮説も，その否定命題も，どちらも証明不可能であることを証明しました．つまり，連続体仮説は真偽が確定しない命題であり，その真偽は，新たな公理として定める必要があり，どちらに定めても，通常の数学に矛盾しないというわけです．

実数というものは小数展開で表示でき，その全貌は数直線として視覚的にも理解できます．完全に定義が定まっているもので，それに含まれる無限大はすべて確定しているかのように思えますが，実際にはそうではないのです．

コーエンはこの業績により，1966年，「数学のノーベル賞」と称されるフィールズ賞を受賞しました．

余談ですが，私がアメリカ在住時にお世話になった**サルナック**教授（第17話「弱いゴールドバッハ予想」で登場）は，故郷の南アフリカ共和国からアメリカの大学に入学した際，コーエン教授のいるスタンフォード大学を選び，彼の弟子になりました．

サルナック教授とコーエン教授の専門分野は異なりますが，サルナック教授は，「数学史年表に載っている唯一人の現存する数学者だったから選んだ」と言っています．そのコーエン教授も，2007年に72歳の生涯を閉じました．

第14話 双子《ふたご》素数《そすう》予想《よそう》

景子 これで，素数が無数に存在することがわかったから，いよいよ「**双子素数予想**」という未解決予想のお話が聞けますね．

優 「双子素数」とは何でしょうか．

ゼータ 差が2の素数の組のことだよ．3と5，5と7，11と13，17と19は，双子素数だ．

景子 3以上の素数はすべて奇数だから，最低でも2の差がありますね．最も近い距離にあるものどうしだから「双子」と呼ぶのですね．

優 では，「双子素数予想」とは，どんな予想ですか？

ゼータ 「双子素数が無数に存在する」という予想だよ．

景子 普通の素数が無数に存在することは，ユークリッドの方法で証明できましたが，双子素数にはそういう証明はないんですか？

ゼータ そういう単純な証明は，全くわかっていないんだ．

優 ユークリッドを真似て，双子素数を全部かけて1を足しても，新しい双子素数が出てくるってことはなさそうですからね．

景子 でもどうして，双子素数が無数にあると予想したんですか？

ゼータ それはね，人間の直感から来ているんだよ．

優　どんな直感ですか？

ゼータ　足し算と掛け算について人間が抱いている，自然な感覚だよ．

景子　双子素数が無数にある方が自然なんですか？

ゼータ　逆に，「有限個しかないのは不自然」と考える方がわかりやすいかな．

優　なぜ，有限個しかないと不自然なんですか？

ゼータ　有限個ということは，どこかに「最大の双子素数」があって，そこから先には双子素数が一つもないということだよね．

景子　もしそうなら，大きな素数 p に対して $p+2$ は必ず合成数になるということですね．

ゼータ　「2を足す」という操作が，「素数か合成数か」という現象に影響を及ぼしていることになる．

優　それは，不自然なことなんですか？

ゼータ　人間には，「足し算と掛け算が，互いに余計な干渉をし合わないだろう」という感覚がある．

景子　素数は，掛け算から生まれたものなんですね．

ゼータ　数には，足し算的な性質と，掛け算的な性質があり，素数という概念は，掛け算的な性質なんだ．

優　掛け算だけで定義できるということですか？

ゼータ　そうだよ．仮に，足し算というものがこの世になかったとしても，12 個の○を長方形に並べることはできるから，12 が合成数であることはわかる．

景子　それに比べて，5 個の○は長方形に並べられず一直線になってしまうから，5 は素数であることはわかりますね．

ゼータ　一方,「差が 2」という性質は，足し算的だ.

優　双子素数は，素数と，それに 2 を足した素数との組のことですからね.

ゼータ　だから，双子素数は，掛け算的な概念である素数に，足し算的な概念である「差が 2」という性質を混ぜ合わせたものになる.

景子　さっきのユークリッドの証明と，アイディアが似ていますね．あのときも,「素数の積」という掛け算的なものに,「1 を足す」という操作をしました.

ゼータ　そうなんだ．あの場合も，素数の積に 1 を加えた結果が，素数になるか合成数になるかはわからなかった．ただ，最初の素数の顔ぶれにない新しい素数が出てくることだけが言えたんだ.

優　あの結果が素数になるかどうかは本当にわからないのでしょうか．さっき計算した 2, 3, 7 の次は,

$$2 \times 3 \times 7 + 1 = 43$$

です．43 は，それより小さい数でいろいろ割ってみても割り切れないので，素数です．そうすると，その次は,

$$2 \times 3 \times 7 \times 43 + 1 = 1807$$

となります．これは素数かな？

景子　いろいろやってみると,

$$1807 = 13 \times 139$$

がわかりますから，1807 は合成数ですね.

優　なるほど．そうすると，「素数の積＋1」は，素数になったり合成数になったりするのですね．

ゼータ　そうなんだ．素数と合成数のどちらになるかは，まったく予測がつかない．実際にその数をそれよりも小さな数で割ってみて，割り切れるかどうかを確かめてみないとわからないんだよ．

景子　だから，双子素数に出てくる「素数に2を足した数」も，合成数になるか素数になるかは決まらないというわけですね．

ゼータ　「双子素数が有限個しかない」とは，その「決まらないはずのこと」を無理やり「合成数」と決めつけてしまっている感じだね．

優　だから，不自然なのですね．

ゼータ　決まらない以上，ある頻度で素数は出現し続けるだろうと考えられるからね．

景子　双子素数予想が，ユークリッドの証明のアイディアとつながっているとは，驚きです．

優　それにしても，足し算と掛け算が「余計な干渉をしない」なんて，考えたことはありませんでした．

ゼータ　もちろん，干渉しないといっても，まったく関係がないわけではない．

景子　小学校で最初に掛け算を習ったときは，「足し算の繰り返し」と教わりましたね．

優　2×3 は，「3個の2を足し合わせる」という意味でした．

ゼータ そういう意味では，足し算と掛け算の間には，当然成り立つ関係はあるんだ．だけど，それは「当たり前の」「自明な」関係といえる．それ以上の関係はないだろうというのが，人間の抱く自然な感覚であり，その一つの現れが双子素数予想なんだよ．

column 14

ヒルベルトの問題《もんだい》

column13 で紹介した「連続体仮説」は，1900 年にパリで開催された国際数学者会議で，当時世界を代表する数学者ヒルベルトが提唱した 23 の問題のうちの「第 1 問題」として掲げられました．この 23 題は「**ヒルベルトの問題**」と呼ばれ，20 世紀の数学に大きく影響しました．

20 世紀に書かれた数学のすべての論文は，ヒルベルトの 23 問題のいずれかに，直接または間接的に関係があると言っても過言ではありません．数学者が業績を挙げ，名声を得るためには，ヒルベルトの問題のいずれかを解くことが最もわかりやすい方法でした．世界中の数学者にとって，ヒルベルトの問題は研究の指針をなし，目標となってきました．

20 世紀の 100 年間で，ヒルベルトの 23 の問題は様々な行く末をたどりました．

「連続体仮説」は，誰も予期せぬ形で見事に解決された例であり，コーエンの定理は数学史上に燦然と輝いています．コーエンはこの業績により 1966 年に数学界最大の栄誉であるフィールズ賞を受賞しました．数あるフィールズ賞受賞者の中でもコーエンは傑出した存在であり，生前から数学史年表にただ一人掲載されたほどです．

一方，ヒルベルトの問題のうち解決されていない問題の代表格が，本書の後半のテーマでもある「リーマン予想」です．リーマン予想は，ヒルベルトの第 8 問題でした．

また，「算術の公理の無矛盾性を証明せよ」（第 2 問題）や，「物理学は公理化できるか」（第 6 問題）のように，抽象的で解決したかどうかの判定が難しい問題もあります．

あるいは，「一般的な相互法則を発見し証明せよ」（第 9 問題）と「類体の構成問題」（第 12 問題）は，20 世紀の後半に「**ラングランズ予想**」という大きな予想の一部に組み込まれ，統合されました．この壮大なエピソードを会話形式でやさしく解説した文献として，拙著

『リーマン教授にインタビューする』（青土社）の第四章

があります．興味のある人は参考にしてみてください．

第15話 弱《よわ》めて解《と》く双子《ふたご》素数《そすう》予想《よそう》

景子 双子素数予想は，全く解けていないんですか？

ゼータ 実は，2013 年に大きな進展があったんだ．

優 証明されたんですか？

ゼータ 「途中まで証明された」と言えるね．

景子 「途中」って，どういうことですか？

ゼータ 数学の予想は，すぐに完全な解決ができるのが理想だけど，必ずしもいつもそうできるとは限らない．

優 前に，「予想」についてお話を伺ったとき，完全な証明が無理な時は，似た定理を証明したり，別の命題に帰着したりするとのことでした．

景子 双子素数予想に「似た定理」があるのでしょうか．

ゼータ 証明が可能な形に命題を弱めることができる．ただし，どのように弱めるかは最初から決まっているわけではない．数学的に価値の高い「弱め方」を発見するのも，研究者の大事な仕事なんだよ．

優 前に伺った「予想を見出すことが重要」と通じるものがありますね．

ゼータ そうだね．そこらへんが研究をしていても面白いところで，やりがいのある仕事だね．

景子　問題を解決するだけじゃないんですね.

ゼータ　解決そのものも大事だけど，解決に向けた新たな視点を持つことに，研究者の独創性が現れるよ.

優　双子素数予想を弱めると，どんな命題になりますか.

ゼータ　昔から有名なのは，1966年の「**陳《ちん》の定理**」だね．こんな定理だよ.

「$p+2$ が高々2個の素数の積であるような素数 p が
無数に存在する」

景子　「高々2個」とは，「1個または2個」という意味で，1個なら双子素数になりますね.

ゼータ　2個のとき，$p+2$ は「2つの素数の積」となるけど，これは合成数のうちで素数に最も近い作りなので，「半素数」と呼ぶことがある.

優　それなら，素数と半素数の組は，最も双子素数に近い組となりますね．これを「半双子素数」と呼べば，陳の定理は，「双子素数かまたは半双子素数が無数に存在する」ということですね.

ゼータ　陳は中国の数学者で，この定理を得る前は「3個の素数の積」や「4個の素数の積」を扱っていた．しかも，$p+2$ だけでなく，p の方も3個や4個の素因数からなるとしていた．研究を進めるにつれて素因数を徐々に減らしていき，最後に「p が素数，$p+2$ が素数または半素数」の組が無数に存在することを証明したんだよ.

景子　惜しい！ あと一歩で，双子素数予想だったんですね.

ゼータ とはいえ，この方法を進めて双子素数予想の最終解決に至る可能性は低いと思われている．

優 最終解決がこの方法でできないなら，「惜しかった」とは必ずしも言えませんね．

景子 「途中まで解けた」という表現が合っているのかも，微妙ですね．

優 確かに，行き止まりの袋小路では，決して目的地に着かないですからね．

ゼータ ただ，双子素数予想を別にして，一般の数学的な命題としてみれば，陳の定理それ自体で十分な価値があるといえるだろうね．

景子 最初におっしゃった「2013年の進展」とは，これとは別のことですか？

ゼータ そうだね．こちらの方は，本当の意味で「双子素数予想への進展」とみなされているよ．

優 今度も，命題を弱めて証明したのですか？

景子 また別の研究者が，別の独創的な弱め方を発見したのでしょうか．

ゼータ その通り．今度は，アメリカの大学に所属する**ジャン**という研究者が，新しい弱め方を見出し，弱い命題の証明に成功したんだよ．

優　どんな命題ですか？

ゼータ　ジャンが証明したのは，こんな命題だ．

差が 7000 万以下の素数の組が，無数に存在する．

景子　双子素数の「差が 2」を，「差が 7000 万以下」に弱めたのですね．

優　ずいぶんと巨大ですね．

ゼータ　いくら巨大でも，無限を相手にしている以上，有限の値が得られただけで画期的な進展と言えるね．

景子　7000 万を小さい値に改良できれば，双子素数予想に近づけるのですね．

ゼータ　ジャンの研究が突破口となり，その後，世界中で改良に向けた研究がなされたよ．

優　どこまで改良されたんですか．

ゼータ　2014 年に 246 まで改良されたよ．つまり，

差が 246 以下の素数の組が，無数に存在する．

という定理が証明されている．

景子　これは，陳の定理と違って，さらに改良される見込みがあるんですか？

ゼータ　その可能性はあるといわれているよ．ジャンの証明は，アメリカを中心として世界的に発展してきた最先端の手法を応用したもので，まさに王道の研究といえるんだ．

優　陳の定理は，違ったんですか？

ゼータ　陳は中国にこもって独りで黙々と計算を進めたから，世界との連携はほとんどなかったといわれているね．

景子　数学研究は一人でするものというイメージがありますが，周囲との連携も大切なんですね．

ゼータ　むしろ，実験設備などが要らない分，人的な交流がより重要であるともいえるね．

優　数学って，人間的な学問なんですね．

column 15

ミレニアム問題《もんだい》

1900年のヒルベルトの問題からちょうど100年後の西暦2000年に，数学の主要未解決問題として「**ミレニアム問題**」と呼ばれる7つの問題が選定されました．1問解決につき100万ドル（1億円あまり）の賞金が付けられたことでも有名です．

ヒルベルトの問題は，**国際数学者会議**の講演で，当時世界の数学界のリーダー的存在だった数学者ヒルベルトによって提唱されましたが，ミレニアム問題はそれとは全く違った経緯で発表されました．

これには，さまざまな理由が考えられます．国際数学者会議は，オリンピックと同じく4年に1度開催されます．1900年にパリで開催された25回後は，2000年となるところですが，実際には，第二次世界大戦による中断で2年間のずれが生じ，1998年と2002年の開催となり，2000年の開催はありませんでした． 20世紀の数学を方向付けたヒルベルトの問題の役割の大きさを知っている数学者たちの間では，2000年の区切りに，次世紀に向けた何かを発信すべきとの共通認識がありましたが，国際数学者会議の開催はなかったため，別の形が必要でした．

また，20世紀の100年間で，数学は大きく進展し，数多くの新しい分野が誕生するとともに，既存の分野も細分化されました．一人の傑出した数学者がリーダーシップをとれたヒルベルトの時代と異なり，現在では，全分野を概観できるような人は存在しなくなりました．

ミレニアム問題は，そんな背景で生まれました．提唱者は「**クレイ数学研究所**」というアメリカの民間の研究所です．この研究所は，大企業や富豪からの出資で成り立つ私立の非営利団体です．クレイ数学研究所は，ミレニアム問題選定委員会を立ち上げ，各分野の世界的に著名な数学者たちからなる委員会によって，7つの問題が選定されました．

7題のうち，これまでに解決したのは幾何学の問題「**ポアンカレ予想**」です．

2010年にクレイ数学研究所は，ポアンカレ予想を証明したロシア人数学者**ペレルマン**の業績を認め，ポアンカレ予想は解決したと宣言されました．ただし，ペレルマンは受賞を辞退し，賞金も受け取っていません．ミレニアム問題のうち，ポアンカレ予想を除く6題は未解決です．

本書の後半の主題である「**リーマン予想**」は，7題の筆頭に挙げられています．リーマン予想は，ヒルベルトの問題とミレニアム問題の両方に挙げられている唯一つの問題です．このことからも，これがいかに数学界で傑出した難問であるかが見てとれます．

第16話 ゴールドバッハ予《よ》想《そう》

景子 もう一つの例,「**ゴールドバッハ予想**」とは，どういう問題ですか？

ゼータ 予想の主張は,

4 以上の偶数は，2 つの素数の和に書ける

ということだよ.

優 本当かな．はじめの 5 つの偶数でやってみると,

$$4 = 2 + 2,\quad 6 = 3 + 3,\quad 8 = 3 + 5,\quad 10 = 3 + 7,\quad 12 = 5 + 7,$$

確かに，偶数は 2 個の素数の和になっていますね.

ゼータ ははは．それくらいはできて当然だよ．コンピューターで，少なくとも 10^{18} までは計算されているからね.

景子 10^{18} というとあまりピンとこないけど, 学校で習った指数法則を使うと,

$$10^{18} = 10^{9+9} = 10^9 \times 10^9$$

だから,「10 億の 10 億倍」ですね.

優 気の遠くなる大きさだなー.

景子 数が大きいほど，素数の割合は少なくなるように思うのですが，偶数を大きくしていっても本当に成り立つのでしょうか.

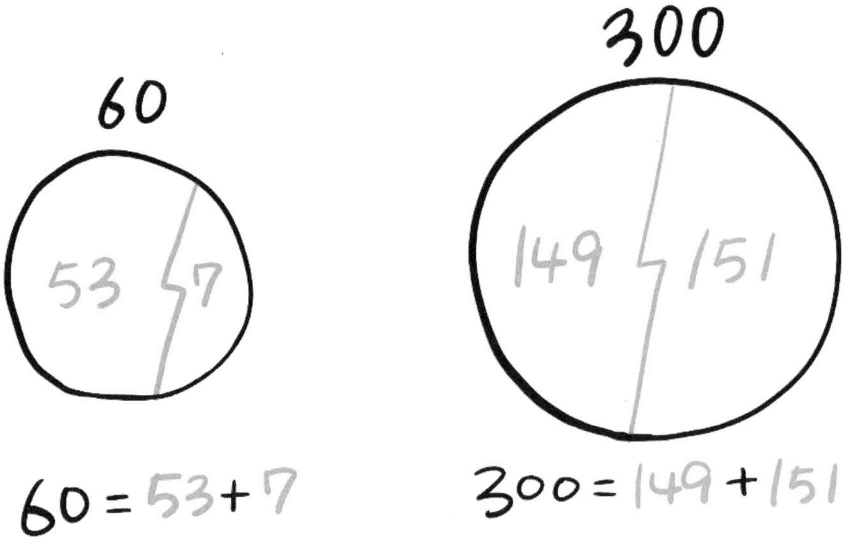

ゼータ　確かに素数が少なくなるけど，その反面，偶数が大きくなれば，それを２数の和に書く方法も増える．その２つの効果が相殺しあった結果，大きな偶数ほど２つの素数の和で表せる可能性は，むしろ高くなるんだ．

景子　なるほど．だから予想が信じられているわけですね．

ゼータ　でもそれはあくまで可能性であって，それだけでは証明にはならないんだよ．

優　ゴールドバッハは，人の名前ですか？

ゼータ　**ゴールドバッハ**は 18 世紀の数学者で，1742 年に**オイラー**に送った手紙が，予想の名前の由来になっている．

景子　どんな内容の手紙だったんですか？

ゼータ ゴールドバッハは，手紙の中で，以下の命題の成立を予想した．

6 以上の整数は，3 つの素数の和に書ける．

優 最初に言われた予想の形と少し違いますね．

景子 もし「6 以上の整数」が偶数なら，3 つの素数のうち，一つは必ず 2 になりますよね．

ゼータ よく気付いたね．そうなんだ． 3 つの素数の和が偶数になるには，素数の一つは偶数，すなわち 2 でなくてはならない．

優 そうすると，2 を引けば，「4 以上の偶数が 2 つの素数の和」となり，最初の形と同じになるわけですね．

景子 次に，「6 以上の整数」が奇数の場合ですが，それは，偶数の場合が証明できれば自動的に成り立ちますね．

優 え，どうして？

景子 だって，「6 以上の整数」が奇数だったら，そこから 3 を引けば，残りは偶数となるからよ．

ゼータ もしわからなければ，数字を当てはめてごらん．

優 「6 以上の整数」が奇数の場合として，たとえば，15 を選ぶと，3 を引いた 12 は，偶数の場合のゴールドバッハ予想を満たしていて，$5+7$ と表されるから，最初に選んだ 15 は，

$$15 = 3 + 5 + 7$$

と，3 つの素数の和で表されるわけか．

景子 結局，奇数の場合は偶数の場合に帰着されるので，最終的に偶数の場合だけが問題となり，最初の予想の形になるわけね．

優 ゴールドバッハ予想も，未解決なんですか？

ゼータ 双子素数予想と並んで，世界的に有名な未解決予想だよ．

景子 途中まで解いた研究はあったのですか？

ゼータ いろいろあるよ．ゴールドバッハ予想の「偶数＝素数＋素数」を，以下のように弱めて証明に成功した研究が知られている．

- **偶数 ＝ 素数 ＋（素数または半素数）**（陳，1966 年）
- **偶数 ＝ 素数 ＋（高々 5 個の素数の和）**（ラマレ，1995 年）
- **偶数 ＝ 素数 ＋素数 ＋（高々 13 個の 2 べきの和）**
（ヒースブラウン，シュラーゲプフタ，2002 年）

優 研究者によって，本当にいろいろな形に変形されて証明されたんですね．

景子 その一つ一つが，新しい数学の定理となったのですね．私も何か新しい定理を発見したいな．

ゼータ 自由な発想があれば，可能性は無限に開けているよ．数学で一番大切なことは，「できる」と思って取り組むことなんだ．

優 景子ちゃんなら，できそうだね．頑張ってね．

column 16

ABC予想《よそう》

本文で紹介している双子素数予想やゴールドバッハ予想は，足し算と掛け算が互いに干渉しあわないといういわゆる「**独立性**」とも呼べる性質から，自然に生まれた予想です．一方，そもそもこの「独立性」という性質自体を，命題の形で定式化できないか，との問題意識から考え出されたのが，「**ABC 予想**」です．

ABC 予想は，共通の素因数を持たない 2 つの自然数 A, B の和を $A+B=C$ と置き，積 ABC のすべての異なる素因子を 1 回ずつ掛けた積を D と置くときに，以下のように表されます．

任意の正の数 ε に対して次が成り立つ．不等式

$$A + B < D^{1+\varepsilon} \qquad \text{すなわち} \qquad C < D^{1+\varepsilon}$$

が，高々有限個の例外を除き，すべての A, B に対して成立する．

εが入っていたり，「有限個の例外」という言葉があったり，難しく見える箇所はいくつかありますが，まず，この予想の根幹は，不等式の右辺が D でできていて，これが $A+B$ より大きいことであると，読みとることが大切です．

そして，D は素因数分解における指数がすべて 1 に限られていることに注目すべきです．一方の $A+B$ にはその制限はないので，この予想の不等式が成り立つためには，D が大きな素因数を持たなくてはなりません．

D の素因数は A, B, C の素因数を合わせたものですから，A, B が小さな素因数しか持たない場合，必然的に C が大きな素因数を持つことになります．これが，ABC 予想の主張です．

たとえば，小さな素因数で大きな指数を持つ2数 $1024 = 2^{10}$ と $729 = 3^6$ の和は，

$$2^{10} + 3^6 = 1753\ (\text{素数})$$

となり，大きな素因数（1753）の小さな指数（1）乗になります．

ABC予想を，ユークリッドの定理や双子素数予想と関連づけながら，足し算と掛け算の独立性の観点から解説した文献として，拙著

『数学の力』（日経サイエンス社）の第1章

があります．興味のある人は参照してください．

第17話 弱《よわ》いゴールドバッハ予想《よそう》

ゼータ ゴールドバッハ予想に話を戻すと，2013 年に大きな進展があった．

景子 双子素数予想の進展と同じ年ですね．どんな進展ですか？

ゼータ ゴールドバッハのオイラーへの手紙にあった元の予想のうち，奇数の場合が証明されたんだ．

優 あれ？ それって，偶数の場合よりやさしいんでしたっけ？

景子 えっと，前回確認したのは，「偶数の場合が解ければ奇数の場合は自動的に証明される」ということだったから，奇数の場合だけを解くことについては，まだ考えていなかったわね．

ゼータ 奇数の場合は「**弱いゴールドバッハ予想**」と呼ばれているんだよ．「三項ゴールドバッハ予想」や「三項予想」とも呼ばれる．

景子 三項の名は，ゴールドバッハからオイラーへの手紙にあった

「6 以上の整数は，3 つの素数の和に書ける」

の中の「3 つの素数」から来ているのですね．

優 このうち，「6 以上の整数」が偶数の場合が，

「4 以上の偶数は，2 つの素数の和に書ける」

となり，未解決の「ゴールドバッハ予想」でしたね．

景子 奇数の場合は，$7 = 2 + 2 + 3$ が最初だから，

「7 以上の奇数は，3 つの素数の和に書ける」

となりますね．

優 これが「弱いゴールドバッハ予想」で，2013 年に証明されたのですか．

景子 まずは，これがなぜ「弱い」といえるのか，考えてみたいです．

ゼータ それは，よい着眼だね．命題間の強弱を比較することはとても重要なんだ．どの命題がどの命題を含み，含まれるのか，命題どうしの位置関係を明確にすることが，研究の第一歩だよ．

景子 ありがとうございます．

ゼータ 前回，奇数の場合の例として，15 を挙げていたね．

優 はい．15 から素数 3 を引いた 12 が「ゴールドバッハ予想の偶数の場合」を満たすことから，こんなふうにできました．

$$15 = 3 + 5 + 7.$$

ゼータ このとき，引く数は 3 でない他の素数でもいいことは，わかるかな．

景子 3 でなく 5，7，11 でも同じようにできます．結果はこうなります．

$$15 = 3 + 12 = 3 + 5 + 7$$
$$15 = 5 + 10 = 5 + 3 + 7$$
$$15 = 7 + 8 = 7 + 3 + 5$$
$$15 = 11 + 4 = 11 + 2 + 2$$

ゼータ この 4 つの表示のうち，どれか一つでも成り立てば，奇数 15 について「弱いゴールドバッハ予想」の成立となる．

優 15 以下のどの奇素数でもいいから，それを 15 から引いて，引いた残りの偶数が 2 つの素数の和に書ければよいのですね．

ゼータ 一方，もとの「ゴールドバッハ予想」は，4 つの表示のすべてが成り立つ必要があるよね？

景子 もとの「ゴールドバッハ予想」は，すべての偶数が 2 つの素数の和になるはずなので，15 から 3, 5, 7, 11 を引いた 12, 10, 6, 4 のすべてが，2 つの素数の和にならなくてはなりません．

優 だから，上の 4 つの表示のすべてが成り立つわけか．それで初めて，「ゴールドバッハ予想」は成り立つことになるわけか．

景子 逆にいうと，弱いゴールドバッハ予想は，本来のゴールドバッハ予想が「すべての偶数」といっているところを，「都合のよい一つの偶数」についてだけ証明する感じですね．

優 これで，「弱い」の意味がわかりました．

景子 この弱い予想でも，ゴールドバッハが提唱してから 270 年も解かれていなかったわけですから，それを証明したのはすごいことですよね．

ゼータ そうだね．証明したのは**ヘルフゴット**という数学者で，論文はとても長い．メインの論文だけで，300 ページ以上あるよ．

優 ちょっと想像がつきませんが，そんなに膨大な証明だと，正しいかどうかの判断も難しそうですね．

景子 数学者が発見した数学の定理は，どのようにすれば正式に「正しい」と認められるんですか？

ゼータ 査読のある出版物として刊行されることで，業績として認知されるよ．

優 「証明できた」と言って自分のホームページに発表したり，YouTubeで主張したりするだけでは駄目なのですね．

景子 査読とは，論文の内容が正しいかどうかをチェックすることですか？

ゼータ 正しいだけでなく，数学的に価値のある内容か，また，すでに出版された内容と重複していないかも，査読のポイントになるよ．

優 数学者が最初に新しい発見をして論文を書いたら，まず，どうするんですか？

ゼータ 「査読のある出版物」を出している出版社に投稿するんだ．

景子 そういう出版社はたくさんあるんですか？

ゼータ 世界でいくつもの出版社が，ジャーナルと呼ばれる学術論文の専門誌を刊行していて，論文を募集している．各ジャーナルには第一線の数学者からなる編集委員会が設置されていて，投稿された論文を査読して掲載の可否を判断するんだよ．

優 査読にはどれくらいの期間がかかるんですか？

ゼータ だいたい，数か月から１年くらいが多いね．長大な論文だと，数年以上かかることもあるよ．

景子　その間，数学者が自分自身で「解けた」と思っても，業績は確定しないんですね．

ゼータ　正式には確定しないけど，学会で口頭発表をしたり，国際会議で講演したりしてアピールはできる．学会や国際会議は，出版物より早く最先端の情報をやり取りできるメリットがあるんだよ．

優　ヘルフゴットが「弱いゴールドバッハ予想」を証明した論文も，査読されたんですか？

ゼータ　実は，2013年は，ヘルフゴットが証明を完了したと非公式に発表した年で，そこから査読が始まったんだ．正式な査読結果は2020年12月現在未公表で，論文はまだ刊行されていないよ．

景子　発表から7年も経っているのに，正しいかどうか，まだわからないんですね．

ゼータ　正式にはそうだけど，ヘルフゴットの証明は，当初から正しいと信じられているよ．

優　どうしてそう思われたんですか？

ゼータ　証明の手法や，過去の実績が，信頼に足るものだったからね．

景子　ヘルフゴットは，信頼のおける研究者なんですね．

ゼータ　彼は，数学の最高峰といわれるアメリカのプリンストン大学で，**イバニッチ**や**サルナック**といった有名な教授たちによって育てられ，「ハーディ・リトルウッド理論」という難解な理論を習得して応用したんだ．研究成果を公表する段階で，すでに著名な教授たちの査読を実質的に経ていたことになる．

優　数学の定理も，人間関係の中で生まれるんですね．

ゼータ　数学も人間の営みだからね．ヘルフゴットの論文の査読は終わり，著名な出版物に掲載が確定したことが，アメリカ数学会のデータベース上で「非公式情報」として公開されている．証明が正しいことは，ほとんど間違いないと思われているね．

column 17

弱《よわ》いリーマン予想《よそう》

本文では「弱いゴールドバッハ予想」を解説しました．このように，数学では目標とする命題を「弱める」ことで「部分的な解決」を達成し，途中までの進展を得ることが，往々にしてあります．

本書の後半の主題である「リーマン予想」は，数学最大の未解決問題と言われていますが，予想を弱めて解決した研究は，過去にあったのでしょうか．

最も有名な研究は，「何パーセントの解が予想を満たすか」を求めた仕事です．リーマン予想は，「方程式 $\zeta(x)=0$ の無数にある虚数解がすべて『実部が $\frac{1}{2}$』の線上にある」という予想ですが，このうち「40％以上の解が線上にある」ことを証明したのが，アメリカ人数学者の**コンリー**（1989 年）でした．コンリーの研究は，1970 年代にレヴィンソンが求めていた「33％」を改良したものです．

この数値を上げていき，100％に近づければ，リーマン予想の証明に近づけるかに見えますが，実は，この方法ではこれ以上の大きな進展が見込めないと言われています．ちなみに，筆者は，ケンブリッジ大学滞在中にコンリーとシェアハウスで同居する機会に恵まれ，この問題について議論しましたが，そのときも，「やはり難しい」との結論になりました．

もう一つの有名な研究に，「**リンデレーフ予想**」があります．これは，リーマン予想とは別の予想で，ゼータ関数の増大度を求める問題ですが，仮にリーマン予想が正しければ，リンデレーフ予想も成り立つことが証明されています．したがって，リンデレーフ予想の解決は，リーマン予想の部分的解決とみなされるので，リンデレーフ予想が「弱いリーマン予想」と位置付けられています．そして，リンデレーフ予想は，「ゼータ関数の増大度の指数が 0 である」という命題であり，1908 年にリンデレーフが「$\frac{1}{4}$ 以下」を証明して以来，数値を 0 に向けて下げていく研究が多くの数学者によってなされてきました．その後の進展は，P.136 の別表の通りとなります．現在の記録は，ボーゲンによる「$\frac{13}{84}=0.1548\cdots$ 以下」（2016 年）です．

これら，「弱いリーマン予想」に関する進展の歴史について，拙著

『リーマン教授にインタビューする』（青土社）の第五章

で詳しく紹介しました．興味のある人は参考にしてみてください．

ゼータの増大度の指数	人名（年代）
$\frac{1}{4} = 0.25$	リンデレーフ (1908)
$\frac{1}{6} = 0.1667\cdots$	ハーディとリトルウッド（年代不詳）
$\frac{163}{988} = 0.1650\cdots$	ワルフィッツ (1924)
$\frac{27}{164} = 0.1647\cdots$	ティッチマーシュ (1932)
$\frac{229}{1392} = 0.164512\cdots$	フィリップス (1933)
$0.164511\cdots$	ランキン (1955)
$\frac{19}{116} = 0.1638\cdots$	ティッチマーシュ (1942)
$\frac{15}{92} = 0.1631\cdots$	ミン (1949)
$\frac{6}{37} = 0.16217\cdots$	ハネケ (1962)
$\frac{173}{1067} = 0.16214\cdots$	コレスニク (1973)
$\frac{35}{216} = 0.16204\cdots$	コレスニク (1982)
$\frac{139}{858} = 0.16201\cdots$	コレスニク (1985)
$\frac{32}{205} = 0.1561\cdots$	ハックスレイ (2002)
$\frac{53}{342} = 0.1550\cdots$	ボーゲン (2014)
$\frac{13}{84} = 0.1548\cdots$	ボーゲン (2016)

表．リンデレーフ予想への接近の歴史

第 III 部

ゼータ編

第18話 調《ちょう》和《わ》級数《きゅうすう》

景子 数学の未解決問題が「予想」と呼ばれている例を見てきましたが，最大の未解決問題である「リーマン予想」について，教えてください．

優 リーマン予想は，「ある級数の収束の問題」ということでしたが，どんな級数ですか？

ゼータ 簡単にいうと，「素数の平方根の逆数」を，素数全体にわたって足したり引いたりした級数なんだけど，それを理解する前に，まず**調和級数**のことを知る必要があるね．

景子 それは何ですか．

ゼータ 調和級数とは，こういう式で表される級数だよ．

$$1+\frac{1}{2}+\frac{1}{3}+\frac{1}{4}+\frac{1}{5}+\frac{1}{6}+\frac{1}{7}+\frac{1}{8}+\cdots$$

この級数は，収束か発散か，どちらだと思う？

優 加えていく一つ一つを見ると，

$$1,\quad \frac{1}{2},\quad \frac{1}{3},\quad \frac{1}{4},\quad \cdots$$

と限りなく小さくなっていき，0 に収束していますね．

景子 そうすると，それらの合計が一定値に収束する可能性もありますが，本当に収束するかどうかはわかりません．

ゼータ　実は，14 世紀にフランスの**オレーム**という学者が，無限大に発散することを証明したんだ．

優　名前が残っているくらいの有名な業績だから，僕たちがわからなくても当然ですね．

ゼータ　でも，古い時代だから，難しい手法は使っていない．今の中高生でも十分に理解できる初歩的な方法だよ．

景子　ぜひ教えてください．

ゼータ　まず，$\frac{1}{3}$ を $\frac{1}{4}$ で書き換えると，分母が大きくなるので分数の値は小さくなる．

優　不等式で表すと，こんなふうにですか．

$$
\begin{aligned}
&1+\frac{1}{2}+\frac{1}{3}+\frac{1}{4}+\frac{1}{5}+\frac{1}{6}+\frac{1}{7}+\frac{1}{8}+\cdots \\
&\qquad > 1+\frac{1}{2}+\underbrace{\frac{1}{4}+\frac{1}{4}}_{2\text{ 個}}+\frac{1}{5}+\frac{1}{6}+\frac{1}{7}+\frac{1}{8}+\cdots
\end{aligned}
$$

ゼータ　次に，$\frac{1}{5}$，$\frac{1}{6}$，$\frac{1}{7}$ の 3 つを $\frac{1}{8}$ に書き換えると，式の値はさらに小さくなる．

景子　こういうことですね．

$$
\begin{aligned}
&1+\frac{1}{2}+\frac{1}{3}+\frac{1}{4}+\frac{1}{5}+\frac{1}{6}+\frac{1}{7}+\frac{1}{8}+\cdots \\
&\qquad > 1+\frac{1}{2}+\underbrace{\frac{1}{4}+\frac{1}{4}}_{2\text{ 個}}+\underbrace{\frac{1}{8}+\frac{1}{8}+\frac{1}{8}+\frac{1}{8}}_{4\text{ 個}}+\cdots.
\end{aligned}
$$

ゼータ 式を整理してごらん.

優 $\frac{1}{4}$ は 2 つで $\frac{1}{2}$ となり，$\frac{1}{8}$ は 4 つで $\frac{1}{2}$ となるから，こうなります.

$$1+\frac{1}{2}+\underbrace{\frac{1}{4}+\frac{1}{4}}_{=\frac{1}{2}}+\underbrace{\frac{1}{8}+\frac{1}{8}+\frac{1}{8}+\frac{1}{8}}_{=\frac{1}{2}}+\cdots$$
$$=1+\frac{1}{2}+\frac{1}{2}+\frac{1}{2}+\cdots.$$

あれ？ 右辺に $\frac{1}{2}$ ばかりが並んだぞ.

ゼータ その先はどうなると思う？ $\frac{1}{2}$ がずっと続くかい？

景子 左辺の「…」のところを詳しく見てみると，わかりそうです.

優 $\frac{1}{8}$ の次は，$\frac{1}{9}$ から $\frac{1}{15}$ までを $\frac{1}{16}$ で置き換えるのかな．そうすると，$\frac{1}{16}$ が 8 個で，やっぱり $\frac{1}{2}$ になるぞ.

ゼータ その通り．どういう規則で置き換えをしているのか，わかってきたら，$\frac{1}{2}$ がずっと続くことを証明できるかな？

景子 1, 2, 4, 8, 16, と，2 倍を繰り返していった数で区切って考えればよいわけですね.

ゼータ 2^n の形をした数だね．そういう数を「2 べき」と呼ぶんだ.

優 では，それぞれの分母を，自分より大きな最初の 2 べきで置き換えることになります.

景子 まず，3と4を4で統一し，次に5から8までを8で統一し…

優 次は，9から16までを16で統一するのですね．

ゼータ 一般式では，どうなると思う？

景子 2^n+1 から 2^{n+1} までを，すべて 2^{n+1} で置き換えればよいわけです．この間の数が 2^n 個あることは，指数法則を使った引き算でわかります．

$$2^{n+1} - 2^n = 2^n(2-1) = 2^n.$$

優 分母を 2^{n+1} に置き換えた分数が 2^n 個あるから，合計はこうなります．

$$2^n \times \frac{1}{2^{n+1}} = \frac{1}{2}.$$

景子 これで，$\frac{1}{2}$ がずっと続くことが証明できました．

ゼータ よくできたね．100点だよ．級数の値は，$\frac{1}{2}$ を無数に加えたものより大きいので，∞となる．

優 同じ数が無限個あるので，当然，無限大ですね．この式が示せました．

$$1 + \frac{1}{2} + \frac{1}{3} + \frac{1}{4} + \cdots = \infty.$$

ゼータ 調和級数が発散することがわかったね．

景子 なぜ，「調和級数」という名前が付いたのですか？

ゼータ 収束と発散の境界を表すからだよ．このことは後で詳しく説明するよ．この「調和級数の発散」は，とても重要なんだ．

優 どうしてそんなに重要なんですか？

ゼータ 意外に思うかもしれないけど，調和級数の発散から，何と，あの「ユークリッドの定理」の改善が得られるんだ．

景子 え？「素数が無数にある」という，ユークリッドの定理ですか？

ゼータ それは，オイラーという天才数学者によって，18 世紀に発見されたんだ．その理論は「ゼータ関数」として発展し，史上最大の未解決問題である「リーマン予想」へとつながるんだよ．

column 18

高校生流《こうこうせいりゅう》の証明《しょうめい》

調和級数が発散する事実は，ゼータの言葉でいえば $\zeta(1)=\infty$ であり，ゼータ理論の出発点ともなる重要事項です．

本文ではオレームの初等的方法で証明をしましたが，高校でこの事実を証明するときは反比例のグラフの下の面積と棒グラフの面積を比較する方法が多く用いられるようです．

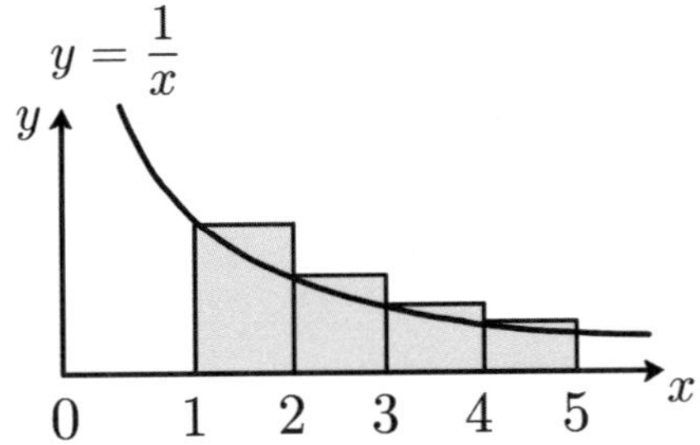

$$\text{面積} = 1+\frac{1}{2}+\frac{1}{3}+\frac{1}{4}$$

図のように，調和級数を棒グラフの面積として表したとき，反比例のグラフは，この棒グラフを右側に無数に並べ，さらに棒の左上の角を結んだ曲線になります．$x \geqq 1$ の部分で，この曲線と x 軸との間の部分の面積は，

$$\int_1^{\infty} \frac{1}{x}dx = [\log x]_1^{\infty} = \infty$$

です．今面積を求めた図形よりも棒グラフの方が上にはみ出しているので，棒グラフの面積は，これよりも大きい，すなわち ∞ であることがわかります．

式で書くと，こんな証明になります．

$$1+\frac{1}{2}+\frac{1}{3}+\cdots>\int_1^{\infty}\frac{1}{x}dx=[\log x]_1^{\infty}=\infty.$$

よって、

$$1+\frac{1}{2}+\frac{1}{3}+\cdots=\infty.$$

第19話 逆数《ぎゃくすう》という発想《はっそう》

ゼータ 優くん，36 の約数は，何個あると思う？

優 約数は，1, 2, 3, 4, 6, 9, 12, 18, 36 なので，9 個あります．

ゼータ では，36 の約数の和はいくつになるかな？

優 全部足すと，$1 + 2 + 3 + 4 + 6 + 9 + 12 + 18 + 36 = 91$ です．

ゼータ その方法だと，約数が増えたときに計算が大変だよね．もっと簡単に求める方法を知っているかな．

景子 素因数分解を使うと簡単にできますよ．高校で習ったから知っています．

優 素因数分解ってなんだっけ？

景子 正の整数を，素数の積に書き表すことよ． $36 = 2 \times 2 \times 3 \times 3$ というように．

優 それでどうやって約数を求めるの？

景子 $36 = 2^2 \times 3^2$ だから，約数は必ず $2^a \times 3^b$ の形をしていて，$a = 0, 1, 2$, $b = 0, 1, 2$ のいずれかに限るわ．ただし，0 乗は 1 と置くの． $2^0 = 1$, $3^0 = 1$ ということ．

優 a が 3 通り，b が 3 通りあるから，a, b の組合せは $3 \times 3 = 9$ 通りで，約数は 9 個か．約数を全部あげるよりも簡単だね．でも，和はどうやって求めるの？

景子 この式ですぐに求められるわ.

$$(1+2+2^2)(1+3+3^2)=7\times 13=91.$$

優 確かに，答えは 91 で合っているね．でもどうしてこの式で求められるの？

景子 左辺を展開すると，各項が $2^a \times 3^b$ の形をしていて，a は $a=0,1,2$ をわたり，b は $b=0,1,2$ がわたった分だけあるからよ.

優 そうか．ちょうど約数が全部出てくるようになっていて，その和が左辺を展開した答になるわけだね.

ゼータ いったん仕組みがわかったら，数が大きくなっても平気だね．69984 から始めると，どうなるかな？

景子 素因数分解は，$69984=2^5\times 3^7$ だから…

優 約数は，$2^a\times 3^b$ の形で，a が 6 通り，b が 8 通りだから，全部で $6\times 8=48$ 個だね.

景子 約数の和は，マトリョーシカ法で求めた等比数列の和の公式を使って，

$$(1+2+2^2+2^3+2^4+2^5)(1+3+3^2+3^3+3^4+3^5+3^6+3^7)$$
$$=(2^6-1)\times\frac{3^8-1}{2}=63\times\frac{6560}{2}=206640$$

となるわね．答が 20 万を超えるなんて，もし約数を一つ一つ挙げたら大変な計算でしょうね.

ゼータ 最初に考える数が $2^A\times 3^B$ の形なら，約数の個数を書けるよね.

優　約数は $2^a \times 3^b$ の形で，a は 0 から A まで，b は 0 から B までで，すべての組合せをわたるから，約数の個数は $(A+1)(B+1)$ となります．

景子　約数の和は，等比数列の和の公式を使って，こうなります．

$$(1+2+2^2+2^3+\cdots+2^A)(1+3+3^2+3^3+\cdots+3^B) = (2^{A+1}-1) \times \frac{3^{B+1}-1}{2}.$$

ゼータ　ここで，$A \to \infty$ かつ $B \to \infty$ とすると，約数の和はどうなるかな．

優　無限大に発散します．

ゼータ　さて，ここでオイラーの発想を説明しよう．オイラーは，「約数の和」と全く同じ方法で，「約数の逆数の和」も求められることに注目したんだ．

景子　約数の逆数ですか？　36 なら，9 個の約数の逆数

$$1,\quad \frac{1}{2},\quad \frac{1}{3},\quad \frac{1}{4},\quad \frac{1}{6},\quad \frac{1}{9},\quad \frac{1}{12},\quad \frac{1}{18},\quad \frac{1}{36}$$

の和ということですね．

優　約数が $2^a \times 3^b$ の形だったので，その逆数は，$\dfrac{1}{2^a \times 3^b}$ の形になりますね．

景子　さっきと同じ方法ということは，こんな式を考えるということかな？

$$\left(1+\frac{1}{2}+\frac{1}{2^2}\right)\left(1+\frac{1}{3}+\frac{1}{3^2}\right).$$

優　展開してみると，

$$\left(1+\frac{1}{2}+\frac{1}{4}\right)+\left(\frac{1}{3}+\frac{1}{6}+\frac{1}{12}\right)+\left(\frac{1}{9}+\frac{1}{18}+\frac{1}{36}\right).$$

景子　確かに，約数の逆数がすべて並ぶわね．

優　この和は，通分すれば，分母が 36，分子がさっき求めた「約数の和」になるから，答は $\dfrac{91}{36}$ だね．

景子　または，さっきと同じく，等比数列の和の公式を使っても求まるわね．

$$\left(1+\frac{1}{2}+\frac{1}{2^2}\right)\left(1+\frac{1}{3}+\frac{1}{3^2}\right)=\frac{1-\left(\frac{1}{2}\right)^3}{1-\frac{1}{2}}\times\frac{1-\left(\frac{1}{3}\right)^3}{1-\frac{1}{3}}=\frac{91}{36}$$

ゼータ　ここで再び，$2^A \times 3^B$ の形をした一般の数から始めると，どうなるかな？

優　約数の逆数の和は，こうなります．

$$\left(1+\frac{1}{2}+\frac{1}{2^2}+\cdots+\frac{1}{2^A}\right)\left(1+\frac{1}{3}+\frac{1}{3^2}+\cdots+\frac{1}{3^B}\right)$$
$$=\frac{1-\left(\frac{1}{2}\right)^{A+1}}{1-\frac{1}{2}}\times\frac{1-\left(\frac{1}{3}\right)^{B+1}}{1-\frac{1}{3}}.$$

景子　あれ？ 今度は，A, B を大きくしていくと，この値は収束するわね．

優　本当だ．公比の $\frac{1}{2}$ や $\frac{1}{3}$ が 1 より小さいから，$A \to \infty$ と $B \to \infty$ の極限値が求まるね．

景子　こういうことね．

$$\left(1+\frac{1}{2}+\frac{1}{2^2}+\cdots\right)\left(1+\frac{1}{3}+\frac{1}{3^2}+\cdots\right)=\frac{1}{1-\frac{1}{2}}\times\frac{1}{1-\frac{1}{3}}=3.$$

優　答がちょうど 3 になったぞ．

ゼータ　この 3 という値は，何を意味していると思う？

景子　$2^A \times 3^B$ の約数，つまり，$2^a \times 3^b$ という形の数の逆数の和ですね．

優　A, B を限りなく大きくしているから，a, b には制限がないことになるね．

ゼータ　約数の顔ぶれは，「素因数を 2 と 3 に限った自然数」となるよね．したがって，そういう自然数すべての「逆数の和」が 3 に等しいことがわかる．

景子　そんな和が求められるなんて，すごいですね．

column 19

有限《ゆうげん》ゼータ関数《かんすう》

本文では，素因数 2, 3 の指数 A, B を限りなく大きくした極限をとっていますが，それをあえて有限で止めることにより，有限ゼータ関数を得ることができます．

たとえば，$A=B=1$ のとき，

$$\left(1+\frac{1}{2}\right)\left(1+\frac{1}{3}\right)=1+\frac{1}{2}+\frac{1}{3}+\frac{1}{6}$$

となります．この式で，各項の分母を x 乗したものが，有限ゼータ関数 $Z_6(x)$ です．つまり，

$$Z_6(x)=\left(1+\frac{1}{2^x}\right)\left(1+\frac{1}{3^x}\right)=1+\frac{1}{2^x}+\frac{1}{3^x}+\frac{1}{6^x}$$

となります．

一般に，自然数 N に対し，**有限ゼータ関数** $Z_N(x)$ は，

$$Z_N(x)=\left(\begin{array}{c}\text{「}N\text{ の約数の }x\text{ 乗の逆数」を，}\\ N\text{ のすべての約数にわたって加えた和}\end{array}\right)$$

と定義されます．これはもともと，「群のゼータ関数」として定義されるものを，N 次の有限巡回群の場合に適用したものです．

$Z_N(x)$ は，有限個の項しか持たないため，収束発散を考える必要がなく，x の範囲を制限する必要がありません．したがって，この表示はすべての x に対して有効です．

そして，次のような，ゼータの特徴ともいえる各性質が成り立ちます．

(1) 関数等式：　$Z_N(-x) = N^x Z_N(x).$

(2) オイラー積表示：　$Z_N(x) = \prod_p \frac{1 - p^{-(\mathrm{ord}_p(N)+1)x}}{1 - p^{-x}}.$

(3) リーマン予想類似：　$Z_N(x) = 0 \Longrightarrow \mathrm{Re}(x) = 0.$

ただし，$\mathrm{ord}_p(N)$ は，「N が p の何乗でちょうど割り切れるか」を表す数です．たとえば，$\mathrm{ord}_2(6) = \mathrm{ord}_3(6) = 1$ であり，2 と 3 以外の素数 p に対し $\mathrm{ord}_p(6) = 0$ です．

これらの性質は，いずれも，少し計算すれば確かめられます．読者の皆さんも，証明に挑戦してみてください．

こうした「ゼータらしい性質」は，上で述べた作り方の恩恵として得られるものであり，その方法を守らずに作った式，たとえば，

$$1 + \frac{1}{2^x} + \frac{1}{3^x} + \frac{1}{4^x}, \qquad 1 + \frac{1}{2^x} + \frac{1}{3^x} + \frac{1}{4^x} + \frac{1}{5^x} + \frac{1}{6^x}$$

などでは成り立ちません．このことは，ゼータの本質が「素因数分解」にあることを物語っています．

第20話 ユークリッドの定理《ていり》の新証明《しんしょうめい》

ゼータ　さっき,「素因数を 2 と 3 に限った自然数」の逆数の和を求めたけど, 素因数が 3 個以上でも同じだよ. 180 から出発してごらん.

景子　素因数分解が $180 = 2^2 \times 3^2 \times 5$ なので, 約数は $2^a \times 3^b \times 5^c$ の形ですね.

優　約数は a, b が 3 通り, c が 2 通りなので, $3 \times 3 \times 2 = 18$ 個あります.

景子　約数の逆数の和は, この式を計算すればわかるのね.

$$\left(1+\frac{1}{2}+\frac{1}{2^2}\right)\left(1+\frac{1}{3}+\frac{1}{3^2}\right)\left(1+\frac{1}{5}\right).$$

優　展開すると, 確かに, すべての約数の逆数が出てきますね.

$$1,\quad \frac{1}{2},\quad \frac{1}{3},\quad \frac{1}{4},\quad \frac{1}{5},\quad \frac{1}{6},\quad \frac{1}{9},\quad \frac{1}{10},\quad \frac{1}{12},$$
$$\frac{1}{15},\quad \frac{1}{18},\quad \frac{1}{20},\quad \frac{1}{30},\quad \frac{1}{36},\quad \frac{1}{45},\quad \frac{1}{60},\quad \frac{1}{90},\quad \frac{1}{180}.$$

景子　答は, こうなります.

$$\frac{7}{4} \times \frac{13}{9} \times \frac{6}{5} = \frac{91}{30}.$$

ゼータ　では,「素因数を 2, 3, 5 に限ったすべての自然数」の逆数の和も, わかるかな.

優　a, b, c を「0 以上のすべての整数」とすればよいので, こうなります.

$$\left(1+\frac{1}{2}+\frac{1}{2^2}+\cdots\right)\left(1+\frac{1}{3}+\frac{1}{3^2}+\cdots\right)\left(1+\frac{1}{5}+\frac{1}{5^2}+\cdots\right).$$

景子　各カッコ内が無限等比数列の和なので，マトリョーシカ法で求めた公式を使うと答が出ます．

$$\frac{1}{1-\frac{1}{2}}\times\frac{1}{1-\frac{1}{3}}\times\frac{1}{1-\frac{1}{5}}=\frac{15}{4}.$$

優　「2，3，5 以外の素因数がない自然数」の逆数の和が $\frac{15}{4}$ とわかりました．

ゼータ　次は素因数の 7 を増やし，「2，3，5，7」を考えても同様にできるね．この調子で素因数を増やしていくと，最後はどうなると思う？

景子　各素因数に対して，上の式のカッコ内の無限等比数列の和が出てきます．これは，素数を p とおけば，無限等比数列の和で計算できますね．

$$1+\frac{1}{p}+\frac{1}{p^2}+\cdots=\frac{1}{1-\frac{1}{p}}=\frac{p}{p-1}$$

優　これを，素数すべてにわたらせて掛け合わせた値が，素因数をどんどん増やしていった最後の状態だと思います．

景子　素数を小さい方から順番にわたらせると，$p=2, 3, 5, 7, 11, 13, 17, 19, \cdots$ として $\frac{p}{p-1}$ を掛ければよいから，

$$\frac{2}{1}\times\frac{3}{2}\times\frac{5}{4}\times\frac{7}{6}\times\frac{11}{10}\times\frac{13}{12}\times\frac{17}{16}\times\frac{19}{18}\times\cdots$$

優　この答えはいくつなんだろう？

景子　これは難しいわね．こんな掛け算，計算したことないわ．

ゼータ ははは．ここが数学の面白いところだよ．こんな，一見計算できそうにないものが，ある一つのことを思い付けば，簡単にわかるんだ．

優 そうなんですか？

ゼータ ヒントをあげよう．実は，今まで話してきた中に，答があるよ．

景子 そう聞くと，考えてみたくなります．少し時間をください．

優 僕，答がわかった気がするよ．

景子 本当？　答はいくつなの？

優 ∞ だと思う．なぜなら，$\dfrac{p}{p-1}$ という分数は，必ず 1 より大きいよね．

景子 そうね．分子の方が分母よりも大きいから，$\dfrac{p}{p-1} > 1$ となるわね．

優 1より大きい数を掛ければ，値は大きくなるよね．

景子 掛ければ掛けるほど，増えるわね．

優 限りなく増えていくから，∞ に発散すると思う．

景子 ちょっと待って．それはどうかしら．そうとは限らないんじゃない？

優 どうして？

景子 増え続けるからといって，必ずしも ∞ に発散するとは言えないわ．優くんは，**漸近線**という言葉を知っている？

優　うん．反比例のグラフ $y = \dfrac{1}{x}$ を学校で習ったから知っているよ．

景子　そのグラフは，$x \to \infty$ のとき減り続けて，0 に収束するわよね．

優　そっか．そうすると，たとえば，$y = 10 - \dfrac{1}{x}$ は増え続けるけれども，発散せず 10 に収束するね．考えが甘かったな．

景子　あ，でもね，答の ∞ は，合っているような気がするわ．

優　そうなの？ どうして？

景子　初心に戻って，「素数にわたる積」の意味を考え直してみたら，新しい見方ができると思うのよ．

優　最初，素数の 2 と 3 だけを考えていたとき，「素因数を 2 と 3 に限った自然数」の逆数の和だったね．

景子　次に，5 を増やして，「素因数を 2，3，5 に限った自然数」の逆数の和を求めたね．もっと素数を増やしていくと，最後はどうなると思う？

優　どんな素因数も持っていいことになるね．

景子　それって，「すべての自然数」じゃない？

優　あ，「すべての自然数の逆数の和」か，それは聞き覚えがあるぞ．

景子　調和級数ね．

優　それは発散だね．

景子　だから，答は ∞ なのよ！

景子 先生，わかりました．答えは ∞ です．

優 すべての素数にわたる $\dfrac{p}{p-1}$ の積は，調和級数に等しいです．

景子 つまり，こういう式になります．

$$1+\frac{1}{2}+\frac{1}{3}+\frac{1}{4}+\frac{1}{5}+\frac{1}{6}+\frac{1}{7}+\frac{1}{8}+\cdots$$
$$=\frac{2}{1}\times\frac{3}{2}\times\frac{5}{4}\times\frac{7}{6}\times\frac{11}{10}\times\frac{13}{12}\times\frac{17}{16}\times\frac{19}{18}\times\cdots$$

ゼータ 正解だよ．ただ，右辺の「…」の内容がわかりにくいよね．

優 確かに，右辺を見て「分子は素数を小さい方から並べた数で，分母は分子より 1 小さい数」と読みとるのは，難しいですね．

景子 「一般項が $\dfrac{p}{p-1}$ で，p が素数をわたる」と表現する必要がありますね．

ゼータ そのために，便利な記号 $\prod_{p}$ があるんだ．その記号を使えばこう書ける．

$$1+\frac{1}{2}+\frac{1}{3}+\frac{1}{4}+\frac{1}{5}+\frac{1}{6}+\frac{1}{7}+\frac{1}{8}+\cdots=\prod_{p}\frac{p}{p-1}.$$

優　$\prod_{p}$ は,「p を素数全体にわたらせた積」という意味なのですね.

ゼータ　実は，驚くべきことに，この式で，ユークリッドの定理を新しい方法で証明できるんだよ.

景子　素数が無限個あることが証明できるんですか？

優　あ，そうか．ひらめいたぞ！ 調和級数の発散から,「p を素数全体にわたらせた積」が無限大ですね.

$$\infty=\prod_{p}\frac{p}{p-1}.$$

景子　なるほど．もし, 素数が有限個だったら無限大になるはずないですね.

ゼータ　そう．有限の数 $\dfrac{p}{p-1}$ をいくつ掛けても，結果は有限だから，これでユークリッドの定理を証明できたことになるね.

優　素数が無数に存在することが，新しい方法で証明できたんですね.

column 20

定理《ていり》が認知《にんち》されるまで

2020年4月，「望月新一教授がABC予想を証明した」というニュースが，世界を駆け巡りました．ABC予想はcolumn16で紹介した有名な未解決問題です．実は，望月教授の論文は，その7年以上前の2012年に自身のウェブサイトで公開され，そのときも「証明された」というニュースが流れました．なぜ2度もニュースになったのでしょう．

数学で「問題が未解決であること」は，どのように認定されるのでしょうか．どこかに「解決済みの問題のリスト」があるのでしょうか．いえ，そんなものは存在しません．

第17話で，論文の「執筆 → 投稿 → 査読 → 出版」の流れを説明しました．通常の論文は，「査読の完了」で正しいと認められます． ABC予想の論文は，2012年に「執筆」が完了し，2020年に「査読」が完了したのです．したがって，通常なら，これで問題は決着し，ABC予想は「解決済み」と認知されるところです．

ただ，これはあくまで「通常」の場合です．歴史に残る大定理の場合，これでは不十分と考えられています．査読者がいかに優秀でも，少数の目を経るだけでは，長大な論文に潜む間違いを見逃す可能性がありますし，万一，間違っていた場合の影響は甚大です．そこで，世間を揺るがすほどの論文については「査読で決着」とせず，出版後も長期間にわたり世界の数学界の目にさらしてから「正しい」と認める風潮があります．

たとえば，ミレニアム問題は，100万ドル（1億円あまり）の賞金がかかっていますので，「解決済み」の基準を明確に定める必要があります．クレイ数学研究所は「論文出版後，2年以上経過し疑義が出ないこと」を条件としています．その基準に照らせば，ABC予想は，2021年の出版から2年後の2023年までに疑義が出なければ「解決」とみなされることになります．

第21話 ユークリッドの定理《ていり》の改良《かいりょう》

ゼータ 前回紹介した数式

$$1+\frac{1}{2}+\frac{1}{3}+\frac{1}{4}+\frac{1}{5}+\frac{1}{6}+\frac{1}{7}+\frac{1}{8}+\cdots=\prod_{p}\frac{p}{p-1}.$$

は，オイラーが 1737 年に発見した「**オイラー積**」の一種なんだ．オイラー積は，数学史上最大の発見の一つといわれている．

優 紀元前 3 世紀のユークリッドから約 2000 年ぶりに新しい証明を発見したのだから，すごいのですね．

ゼータ それだけじゃないんだ．この証明は，単に方法が新しいだけでなく，定理の改良も成し遂げたんだよ．

景子 ユークリッドの定理を，改良したんですか？

ゼータ 実は，「素数の個数が無限大」というだけじゃなく，「素数の個数がある程度大きな無限大」であることを，人類史上初めて証明したんだ．

優　無限大にも大小があるんですか？

景子　自然数の中で，素数が占める割合というか，どれくらいの頻度で素数があるかということですね．

ゼータ　仮に，素数が非常にまれにしかなかったら，素数全体にわたる積 $\prod_p \frac{p}{p-1}$ は，たとえ無限積であっても収束するんだよ．

優　無限積が収束するとは，ちょっと想像できないのですが．

ゼータ　たとえば，素数の代わりに「平方数」を考えてみたらわかるよ．

景子　平方数は2乗数のことで，「1の2乗」「2の2乗」「3の2乗」…という数ですから，1，4，9，…という列になりますね．一般項は，n^2 ですね．

ゼータ　$n=1$ は分母が0になってしまうから，2以上で考えよう．

優　2以上の整数の中で，素数は，17以下に7個ありますが，

2　3　4　5　6　7　8　9　10　11　12　13　14　15　16　17…

平方数は，3個しかありません．

2　3　4　5　6　7　8　9　10　11　12　13　14　15　16　17…

平方数は素数よりも少なそうですね．

ゼータ　実際，とても少ないんだ．無限積 $\prod_p \frac{p}{p-1}$ で p を素数にわたらせる代わりに，平方数にわたらせてごらん．

景子　これを計算すればいいんですね．

$$\frac{2^2}{2^2-1}\times\frac{3^2}{3^2-1}\times\frac{4^2}{4^2-1}\times\frac{5^2}{5^2-1}\times\cdots$$

優　どうしたら計算できるんだろう？

ゼータ　まず有限で切って，最初の有限個の分数の積

$$\frac{2^2}{2^2-1}\times\frac{3^2}{3^2-1}\times\frac{4^2}{4^2-1}\times\frac{5^2}{5^2-1}\times\cdots\times\frac{n^2}{n^2-1}$$

を計算し，その結果で $n\to\infty$ とした極限を求めればいいよ．

景子　一般項の分母は因数分解できて，

$$\frac{n^2}{n^2-1}=\frac{n}{n-1}\times\frac{n}{n+1}$$

となることを使えるかも．

優　そうすると，こうなるね．

$$\begin{aligned}&\frac{2^2}{2^2-1}\times\frac{3^2}{3^2-1}\times\frac{4^2}{4^2-1}\times\frac{5^2}{5^2-1}\times\cdots\\&=\left(\frac{2}{1}\times\frac{2}{3}\right)\left(\frac{3}{2}\times\frac{3}{4}\right)\left(\frac{4}{3}\times\frac{4}{5}\right)\left(\frac{5}{4}\times\frac{5}{6}\right)\times\cdots\times\left(\frac{n}{n-1}\times\frac{n}{n+1}\right)\end{aligned}$$

景子　あ，隣り合うカッコ内に，約分できる数の組が見つかるわ．カッコを付け替えて掛け算の順序を変えるとよさそうね．

$$\frac{2}{1}\left(\frac{2}{3}\times\frac{3}{2}\right)\left(\frac{3}{4}\times\frac{4}{3}\right)\left(\frac{4}{5}\times\frac{5}{4}\right)\times\cdots\times\left(\frac{n-1}{n}\times\frac{n}{n-1}\right)\frac{n}{n+1}$$

優　こうすると，カッコ内は全部約分されて1になるから，答が出るね．

$$\frac{2^2}{2^2-1}\times\frac{3^2}{3^2-1}\times\frac{4^2}{4^2-1}\times\frac{5^2}{5^2-1}\times\cdots=\frac{2n}{n+1}$$

景子　$n\to\infty$ のときの極限値は2ね．

優　そうか．無限積 $\prod_p \frac{p}{p-1}$ で素数 p を平方数 n^2 に変えた値は，2に収束するんだね．

ゼータ　これでわかったかな。無数にあるといっても，平方数くらいにまばらだと，同じ形の式でも2に収束する．

景子　無限積が無限大に発散するということは，素数が無数にある中でも，「ある程度以上，密に存在する」という事実を表しているんですね．

ゼータ　このオイラーの発見はね，ユークリッドの定理を改良し，「無限大の大きさ」に初めて踏み込んだ定理なんだ．

優　ただ「無数に存在する」だけで問題は終わらなかったんですね．

ゼータ　実は，数学史上最大の未解決問題である「リーマン予想」は，この研究をさらに進めて，「素数がどれくらいたくさんあるか」を詳しく予想した命題なんだ．

景子　オイラーの研究からすべてが始まったんですね．

ゼータ　オイラーの研究は，ゼータ関数の理論として大きく発展した．そこで，ゼータ関数の説明を始めよう．

優　ゼータ先生の専門分野である「ゼータ関数」のお話が，ついに聞けるんですね．

column 21

定理《ていり》の改良《かいりょう》とは

本文では,「ユークリッドの定理」をオイラーが改良したことを解説しました. 歴史をみると, 数学の定理というものは, 何もないところからいきなり発見されるより, もとの定理を何らかの形で改良して得られるものの方が, 圧倒的に多いことがわかります.

数学の定理の改良は, 以下の3つの観点でみるとわかりやすいでしょう.

(1) **精密化** …… より細かい事実の発見

(2) **一般化** …… より多くの場合に成り立つ事実の発見

(3) **類似構成** …… 似た事実が成り立つことの発見

本文で述べたオイラーの改良は, 無限の大きさをより詳しく特定したという意味で「精密化」に当たりますが, オイラーの研究はのちに, ゼータの理論を経由して「一般化」「類似構成」にも寄与しました.

一般化された例としては, これまで扱っていた「整数」を, $a+bi$ (a, b は整数) という「複素整数」(ガウス整数) に拡張したり, より広い代数的整数という対象に拡張したりする研究がありました. このとき,「素数」は「素イデアル」になり, 素イデアルがどれくらいたくさん存在するかという問題が考えられました.

類似構成の例では,「整数」に代えて「有限体上の一変数多項式」を考え,「素数」を「既約多項式」とした研究が有名です.

こうした研究から, column1 で述べた「A 型」「HW 型」のゼータが生まれ, 20 世紀以降, 活発に研究されています. 中でも衝撃的だったのが, 上で挙げた類似構成の例「有限体上の一変数多項式」の場合に, リーマン予想の類似が証明されたことです. しかも, それをさらに「一般化」した「有限体上の代数多様体」という HW 型のゼータに対しても, リーマン予想の類似が証明されたのです. 証明したのはドリーニュという, 当時 20 代のフランス人数学者でした．彼はこの業績により，1978年に「数学のノーベル賞」といわれるフィールズ賞を受賞しています．

そこで，その証明の仕組みを，もとのリーマン予想の証明に生かせないか，という発想が生まれました．それが「絶対数学」というアイディアにつながり，現在に至ります．本書の後半の主題である「深リーマン予想」も，絶対数学の中から発見された概念です．

このように，数学の定理は，いろいろな形で改良され，それがまた元の未解決問題のヒントとなり，数学を進展させる力となっているのです．

第22話 ゼータ関数《かんすう》

ゼータ まず，オイラー積の成り立ちを振り返ってみよう．

優 最初は，「素因数を 2 と 3 に限った自然数」を考えたんでしたね．こんな数たちです．

$$1,\ 2,\ 3,\ 6,\ 8,\ 9,\ 12,\ 18,\ 24,\ 27,\ \cdots.$$

景子 この逆数の和が，2 べきの級数と 3 べきの級数の積に分解できたのでした．

$$\begin{aligned}&1+\frac{1}{2}+\frac{1}{3}+\frac{1}{6}+\frac{1}{8}+\frac{1}{9}+\frac{1}{12}+\frac{1}{18}+\frac{1}{24}+\frac{1}{27}+\cdots.\\&\qquad=\left(1+\frac{1}{2}+\frac{1}{2^2}+\cdots\right)\left(1+\frac{1}{3}+\frac{1}{3^2}+\cdots\right).\end{aligned}$$

ゼータ これはいわば，「左辺の丸ごと素因数分解」だね．これが，一つ一つの素因数分解から来ていることは，わかるよね．

優 たとえば，左辺の $\frac{1}{12}$ という項は，$12 = 2^2 \times 3$ という素因数分解を用いると，右辺を展開した式のうち，$\frac{1}{2^2}$ と $\frac{1}{3}$ の組合せで出ます．

景子 左辺のすべての項の分母が，素因数分解によって右辺の項の組合せとして表せることから，「左辺の丸ごと素因数分解」ができるわけです．

ゼータ ゼータ関数は，このオイラーの着想を，「逆数の和」だけじゃなくて，他の場合に広げたものなんだ．

優 他の場合とは，どんな場合ですか？

ゼータ たとえば，「逆数の和」の代わりに「逆数の 2 乗の和」を考えてごらん．

景子 こんな級数ですか？

$$1 + \frac{1}{2^2} + \frac{1}{3^2} + \frac{1}{6^2} + \frac{1}{8^2} + \frac{1}{9^2} + \frac{1}{12^2} + \frac{1}{18^2} + \frac{1}{24^2} + \frac{1}{27^2} + \cdots.$$

優 確かに，$12 = 2^2 \times 3$ という素因数分解の式を丸ごと 2 乗すれば，$12^2 = (2^2 \times 3)^2 = (2^2)^2 \times 3^2$ となるので，$\frac{1}{12^2}$ という分数は，$\frac{1}{(2^2)^2}$ と $\frac{1}{3^2}$ の積になりますね．

ゼータ 2 乗だけじゃない．「逆数の 3 乗の和」，さらに一般に，「逆数の x 乗の和」でも，同じことが成り立つんだ．

景子 つまり，こういうことですか．

$$1 + \frac{1}{2^x} + \frac{1}{3^x} + \frac{1}{6^x} + \frac{1}{8^x} + \frac{1}{9^x} + \frac{1}{12^x} + \frac{1}{18^x} + \frac{1}{24^x} + \frac{1}{27^x} + \cdots.$$
$$= \left(1 + \frac{1}{2^x} + \frac{1}{(2^x)^2} + \cdots\right)\left(1 + \frac{1}{3^x} + \frac{1}{(3^x)^2} + \cdots\right).$$

優 左辺の分数 $\frac{1}{12^x}$ は，$\frac{1}{(2^x)^2}$ と $\frac{1}{3^x}$ の積だから，やはり右辺を展開した項として出てきますね．

ゼータ この仕組みは，素数が 2 と 3 だけの場合に限ったことではない．他の素数を増やしていっても成り立つ．

景子 すべての素因数を考えたら，「逆数の和」のときは，こんなオイラー積を証明できたのでしたね．

$$1 + \frac{1}{2} + \frac{1}{3} + \frac{1}{4} + \frac{1}{5} + \frac{1}{6} + \frac{1}{7} + \frac{1}{8} + \cdots$$
$$= \left(1 + \frac{1}{2} + \frac{1}{2^2} + \cdots\right)\left(1 + \frac{1}{3} + \frac{1}{3^2} + \cdots\right)\left(1 + \frac{1}{5} + \frac{1}{5^2} + \cdots\right) \times \cdots.$$

優　このオイラー積も，x乗にできるのかな．

景子　そうね．きっと，こんな等式が成り立つと思うわ．

$$
\begin{aligned}
&1+\frac{1}{2^x}+\frac{1}{3^x}+\frac{1}{4^x}+\frac{1}{5^x}+\frac{1}{6^x}+\frac{1}{7^x}+\frac{1}{8^x}+\cdots \\
&=\left(1+\frac{1}{2^x}+\frac{1}{2^{2x}}+\cdots\right)\left(1+\frac{1}{3^x}+\frac{1}{3^{2x}}+\cdots\right)\left(1+\frac{1}{5^x}+\frac{1}{5^{2x}}+\cdots\right)\times\cdots.
\end{aligned}
$$

優　前回習った「素数にわたる積の記号」$\prod_p$ を使えば，こうも書けるね．

$$
\begin{aligned}
1+\frac{1}{2^x}+\frac{1}{3^x}+\frac{1}{4^x}+\frac{1}{5^x}+\frac{1}{6^x}+\frac{1}{7^x}+\frac{1}{8^x}+\cdots& \\
=\prod_p\left(1+\frac{1}{p^x}+\frac{1}{p^{2x}}+\cdots\right)&.
\end{aligned}
$$

ゼータ　よくわかったね．この式を**ゼータ関数**と呼び，記号$\zeta(x)$で表すんだ．ζはギリシャ文字で「ゼータ」と読む．

景子　つまり，ゼータ関数$\zeta(x)$の定義は，こうなりますね．

$$\zeta(x)=1+\frac{1}{2^x}+\frac{1}{3^x}+\frac{1}{4^x}+\frac{1}{5^x}+\frac{1}{6^x}+\frac{1}{7^x}+\frac{1}{8^x}+\cdots$$

かつ

$$\zeta(x)=\prod_p\left(1+\frac{1}{p^x}+\frac{1}{p^{2x}}+\cdots\right).$$

ゼータ　1つ目の定義式を**ディリクレ級数**と呼び，2つ目の定義式を**オイラー積**と呼ぶんだ．

優　$x=1$のとき，オイラー積のおかげで，ユークリッドの定理を改良できたのでしたね．

景子 定義式は，どんな x にも有効なのでしょうか．

優 $x = 1$ のときは，前に教わった調和級数になり発散します．

$$\zeta(1) = 1 + \frac{1}{2} + \frac{1}{3} + \frac{1}{4} + \frac{1}{5} + \frac{1}{6} + \frac{1}{7} + \frac{1}{8} + \cdots = \infty.$$

ゼータ x が小さくなれば，当然，$\zeta(x)$ は大きくなるから，$x \leqq 1$ ならばディリクレ級数もオイラー積も発散する．逆に，$x > 1$ ならば 2 つの定義式は収束するんだ．それは，あとで説明することにして，とりあえず，定義域は $x > 1$ としておくよ．

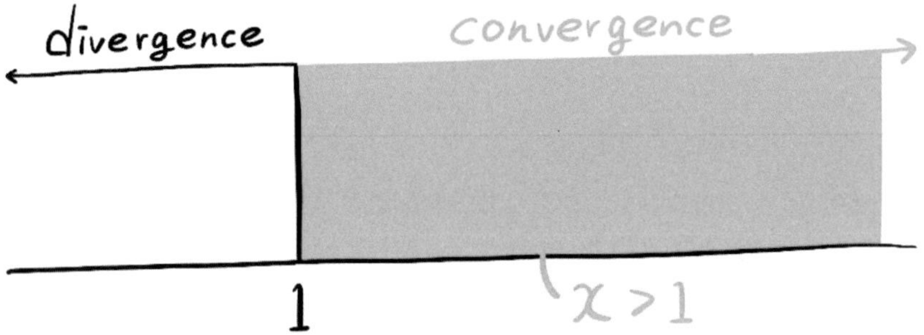

景子 2 つ目の定義式であるオイラー積

$$\zeta(x) = \prod_{p} \left(1 + \frac{1}{p^x} + \frac{1}{p^{2x}} + \cdots\right).$$

のカッコ内は，初項 1，公比 $\frac{1}{p^x}$ の無限等比数列の和だから，マトリョーシカ法の公式で求められそうですね．

ゼータ カッコ内の部分は，オイラー積をなす一つ一つの因子だから**オイラー因子**というんだ．オイラー因子を求めてごらん．

優　公式に当てはめると，こうなります．

$$1+\frac{1}{p^x}+\frac{1}{p^{2x}}+\cdots=\frac{1}{1-\frac{1}{p^x}}=\left(1-\frac{1}{p^x}\right)^{-1}.$$

景子　待って．この無限等比数列の和は，収束するかしら．

優　収束するのは，公比の絶対値が 1 より小さいときだから，$\left|\frac{1}{p^x}\right|<1$ となるときだね．これは，$x>0$ だね．

景子　それなら，$x>1$ の定義域に含まれているから，安心ね．

ゼータ　結局，ゼータ関数の定義式は，$x>1$ において，次の 2 式となるね．

$$\zeta(x)=1+\frac{1}{2^x}+\frac{1}{3^x}+\frac{1}{4^x}+\frac{1}{5^x}+\frac{1}{6^x}+\frac{1}{7^x}+\frac{1}{8^x}+\cdots\quad(x>1),$$

$$\zeta(x)=\prod_p\left(1-\frac{1}{p^x}\right)^{-1}\quad(x>1).$$

column 22

ゼータの多重化《たじゅうか》

column21 で，有限体上の代数多様体の HW 型ゼータに対し，リーマン予想が証明されたことを紹介しました．その証明の概略は，以下のようなものです．

有限体上の代数多様体が 2 個あるとき，それらの「テンソル積」を定義します．テンソル積とは，2 個の代数多様体の直積集合を，共通の係数体である有限体の元の作用に関する規則を定めて修正したものです．

そうすると，そのテンソル積多様体のゼータについて，以下の 2 つの性質がわかります．

(1) そのゼータの零点（ゼータの値が 0 となる解）は，もとの 2 つのゼータの零点の和である．

(2) そのゼータの臨界領域の幅は，もとのゼータと変わらない．

臨界領域とは，「零点が存在する可能性のある領域」のことで，もとのゼータでは「実部が 0 と 1 の間」という幅 1 の領域でした．

リーマン予想は，「すべての零点の実部が $\frac{1}{2}$」であり，臨界領域のちょうど中央線上に零点が来ることを意味しています．この線を臨界線と呼びます．臨界領域は，臨界線から $\pm\frac{1}{2}$ の間の領域です．

ここで，2 つの多様体が同じであるとき，性質 (1) より，もとのゼータの零点の 2 倍は，テンソル積多様体のゼータの零点となります．そのため，テンソル積多様体のリーマン予想は「すべての零点の実部が 1」となりますが，ここで性質 (2) より，臨界領域の幅は変わらず 1 なので，零点の実部は「$\frac{1}{2}$ と $\frac{3}{2}$ の間」となります．零点の 2 倍がこの領域に属するので，もとの零点の実部は「$\frac{1}{4}$ と $\frac{3}{4}$ の間」となることがわかります．こうして，最初の臨界領域「0 と 1 の間」を狭め，「$\frac{1}{2}$」というリーマン予想に近づくことができるのです．

テンソル積をとる代数多様体を3つ，4つと増やしていけば，零点の3倍，4倍がテンソル積ゼータの幅1の臨界領域に属することになり，もとのゼータの臨界領域の幅を $\frac{1}{3}$ 倍，$\frac{1}{4}$ 倍と狭めることができます．その結果，リーマン予想にどんどん近づいていき，最終的に代数多様体の個数を無限大に近づけた極限をとることで，リーマン予想が証明されるというわけです．

この方針で証明を実行し，**ヴェイユ予想**（有限体上の代数多様体に対するリーマン予想）を証明したのは，**ドリーニュ**という数学者でした．彼はこの業績により，1978年にフィールズ賞を受賞しています．

以上の方針で，本来のリーマン予想を証明しようとしても，すぐにはうまく行きません．というのは，議論の出発点となる「共通の係数体」がないからです．従来の数学の枠組みでは，そもそも「整数」には係数体がなく，整数は最小の代数系と考えられます．そのため，2つの整数の集合のテンソル積は，また同じ整数の集合になってしまうのです．

そこで，従来の数学では隠れて見えなかった「一元体」を発掘し，整数を「一元体上の多項式」のようにみなすという発想が生まれました．そうすれば，ドリーニュの方法でテンソル積を構成することにより，ゼータの多重化ができ，リーマン予想を証明できる可能性が出てくるわけです．このアイディアから誕生したのが，**絶対数学**という新しい数学なのです．

第23話 表示《ひょうじ》が違《ちが》えば収束域《しゅうそくいき》も違《ちが》う？

ゼータ ゼータ関数の２つの定義式が，どちらも，$x>1$ で収束することを示してみよう．

景子 どちらの式からも，x が増えるほど $\zeta(x)$ が小さくなることがわかりますね．

ゼータ よいところに気がついたね．２つの表示で，x はどちらも指数として登場しているね．１つ目の定義式

$$\zeta(x)=1+\frac{1}{2^x}+\frac{1}{3^x}+\frac{1}{4^x}+\frac{1}{5^x}+\frac{1}{6^x}+\frac{1}{7^x}+\frac{1}{8^x}+\cdots,$$

では，指数関数が分母に入っているから $\zeta(x)$ は減少関数になるし，２つ目の定義式

$$\zeta(x)=\prod_p\left(1-\frac{1}{p^x}\right)^{-1}.$$

では，指数関数は分母に入っていてさらに「(-1) 倍の (-1) 乗」されているから，やはり $\zeta(x)$ は減少関数になるね．

優 調和級数の発散から，$\zeta(1)=\infty$ はわかっているので，x が１以下のときはいつでも，２つの定義式は発散しますね．

ゼータ 定義式が収束するためには，少なくとも $x>1$ でなくてはならないね．

景子 あとは，$x>1$ で実際に収束することを示せばよいですね．

優 $\zeta(x)$ が減少関数だから，$x=2$ のときに収束すれば，x が２以上の

ときにいつでも収束するとわかりますね.

ゼータ それだけでは $1<x<2$ のところが残ってしまうけど，そこは難しいから後にして，先に $x=2$ のときを考えてみようか.

景子 まず，一つ目の定義式の収束ですね．この式になります.

$$\zeta(2)=1+\frac{1}{2^2}+\frac{1}{3^2}+\frac{1}{4^2}+\frac{1}{5^2}+\frac{1}{6^2}+\frac{1}{7^2}+\frac{1}{8^2}+\cdots$$

優 収束の証明って，やったことないから，わからないな.

景子 発散の証明なら，調和級数のときにオレームの方法があったけど.

ゼータ オレームの着想がヒントだよ．数字を置き変えて不等式を作るんだ.

優 オレームは,「○○より大きい」という不等式で発散を示したけど，逆に,「○○より小さい」という式を作れば，収束が示せそうです.

ゼータ 分母で,「2 乗」すなわち,「同じ数を 2 個掛けている」ところを,「1 つずれた数を掛ける」ように変えてみたらどうかな.

景子 こういうことですか.

$$\begin{aligned}\zeta(2)&=1+\frac{1}{2^2}+\frac{1}{3^2}+\frac{1}{4^2}+\frac{1}{5^2}+\frac{1}{6^2}+\frac{1}{7^2}+\frac{1}{8^2}+\cdots\\&<1+\frac{1}{1\cdot 2}+\frac{1}{2\cdot 3}+\frac{1}{3\cdot 4}+\frac{1}{4\cdot 5}+\frac{1}{5\cdot 6}+\frac{1}{6\cdot 7}+\frac{1}{7\cdot 8}+\cdots.\end{aligned}$$

優 分母を小さくした分だけ，分数の値が大きくなり不等式ができました.

ゼータ こうやって数を 1 つずらすと，部分分数分解が使えるんだ.

景子 あ，それなら学校で習ったわ．こうですね．

$$\zeta(2) < 1 + \frac{1}{1\cdot 2} + \frac{1}{2\cdot 3} + \frac{1}{3\cdot 4} + \frac{1}{4\cdot 5} + \frac{1}{5\cdot 6} + \frac{1}{6\cdot 7} + \frac{1}{7\cdot 8} + \cdots$$
$$= 1 + \left(1 - \frac{1}{2}\right) + \left(\frac{1}{2} - \frac{1}{3}\right) + \left(\frac{1}{3} - \frac{1}{4}\right) + \left(\frac{1}{4} - \frac{1}{5}\right) + \cdots .$$

優 下から上へは，通分して分数の引き算をすれば行けるね．部分分数分解は，その逆の操作なんだね．

景子 こうすると，隣り合うカッコどうしで，同じ分数がプラスマイナスで打ち消し合い，最初の「1＋1」だけが残り，それ以外はすべてなくなるから，$\zeta(2) < 2$ となりますね．

優 これで，ゼータ関数の1つ目の表示のディリクレ級数表示が，$x \geqq 2$ で収束することが証明できました．

ゼータ よくできたね．では次に，2つ目の表示について考えてみよう．

景子 2つ目は，オイラー積ですね．

優 1つ目の定義式が収束したからといって，2つ目の定義式も収束するとは限らないんですか？

ゼータ 同じ関数でも，表示によって収束範囲は変わることもあるんだよ．例を挙げて説明しよう．無限等比数列の和の公式を思い出してごらん．

景子 公比の絶対値が1未満のときに成り立つ，こんな公式でした．

$$1 + r + r^2 + \cdots = \frac{1}{1-r} \qquad (-1 < r < 1).$$

ゼータ 右辺の分母と分子を2倍し，分母に現れた2を1+1と分けて書くと，別の無限等比数列の和の形になるよね．

$$\frac{1}{1-r}=\frac{2}{2-2r}=\frac{2}{1+1-2r}=\frac{2}{1-(2r-1)}.$$

優 本当だ．初項が2，公比が$2r-1$の無限等比数列の和ですね．こんなふうに，無限等比級数で表せます．

$$\frac{2}{1-(2r-1)}=2+2(2r-1)+2(2r-1)^2+2(2r-1)^3+\cdots.$$

ゼータ この式が収束するrの範囲を求めてごらん．

景子 $-1<2r-1<1$ですから，$0<r<1$です．

ゼータ 以上をまとめると，次の2つの表示が，どちらも成り立つことになる．

- $\dfrac{1}{1-r}=1+r+r^2+\cdots \quad (-1<r<1).$
- $\dfrac{1}{1-r}=2+2(2r-1)+2(2r-1)^2+2(2r-1)^3+\cdots \quad (0<r<1).$

優 あれ？ rの範囲が違うぞ．

景子 どちらも正しい式なのに，成り立つrの範囲は異なるのですね．

ゼータ その通り．同じ数式でも，表示によって，収束する変数の範囲は変わるんだよ．

優 だから，ゼータ関数の1つ目の表示のディリクレ級数が収束したからといって，2つ目の表示のオイラー積が収束するとは限らないのですね．

景子　$x=2$ のときのオイラー積の収束を，どうやって示したらよいでしょうか．

$$\zeta(2)=\prod_p\left(1-\frac{1}{p^2}\right)^{-1}.$$

ゼータ　それには，記号 $\prod\limits_p$ の，もう少し厳密な意味が必要だね．

優　「素数全体にわたる積」じゃダメなんですか？

ゼータ　無限個の数を掛けることは不可能でしょう．

景子　極限の式として，どのような極限かを指定するということでしょうか．

ゼータ　そうなんだ．ディリクレ級数のとき，$\zeta(2)$は，

自然数 n が小さい方から順に，分数 $\dfrac{1}{n^2}$ を加えた

という意味だった．オイラー積も，算入する素数の順序を指定する必要がある．

優　小さい素数から順に掛けていくのが自然ですね．

ゼータ　そのためにまず，正の数 P に対し，P 以下の素数全体にわたる積の記号を，$\prod\limits_{p\leq P}$ として，$P\to\infty$ としたときの極限で定義するんだよ．

$$\prod_p\left(1-\frac{1}{p^2}\right)^{-1}=\lim_{P\to\infty}\prod_{p\leq P}\left(1-\frac{1}{p^2}\right)^{-1}.$$

景子　これが，オイラー積の正確な意味だったんですね．

column 23

多重三角関数《たじゅうさんかくかんすう》

column 22 では，リーマン予想を解決するアイディアとして絶対数学という新しい数学が生まれたことを紹介しました．絶対数学を使ってもリーマン予想はまだ証明されていませんが，理論の創始者である黒川信重先生（東工大名誉教授）による先駆的な研究により，多重三角関数や深リーマン予想の発見など，多くの業績が挙げられています．

ここでは，column 22 で説明した絶対数学の文脈から，多重三角関数がどのように生まれるかを説明しましょう．サイン関数は，高校では三角比を使って定義されますが，大学では複素関数として次式で定義されます．

$$\sin x = \frac{e^{ix} - e^{-ix}}{2i}.$$

一方，有限体 $\mathbb{F}_p$ の HW 型ゼータ関数は，次式で定義されます．

$$\zeta(x, \mathbb{F}_p) = (1 - p^{-x})^{-1}$$

（ちょうど，ゼータ関数 $\zeta(x)$ のオイラー因子と同じ形です）．この 2 つの間には，指数法則を使って計算するとすぐにわかるように，

$$\zeta\left(\frac{2it}{\log p}, \mathbb{F}_p\right) = \frac{e^{it}}{2i}(\sin t)^{-1}$$

という関係があります．実際，証明は，以下のような簡単な変形でできます．

$$\zeta\left(\frac{2it}{\log p}, \mathbb{F}_p\right) = (1 - e^{-2it})^{-1} = e^{it}(e^{it} - e^{-it})^{-1} = \frac{e^{it}}{2i}(\sin t)^{-1}.$$

左辺の変数が $x = \dfrac{2it}{\log p}$ になっていたり，右辺に (-1) 乗がついていたり，$\dfrac{e^{it}}{2i}$ 倍が付いていたりしていますが，それらはいずれも些細な違いです．

ゼータ全体の中で見れば，2つの関数 $\sin x$ と $\zeta(x,\mathbb{F}_p)$ はほとんど同一（どちらか一方がわかれば，他方も簡単にわかるので，研究対象としては同じ）とみなせます．

そこで，有限体のゼータ $\zeta(x,\mathbb{F}_p)$ に対し，column22で解説したテンソル積を計算したものが，「**多重三角関数**」です．すなわち，多重サイン関数とは，普通のサイン関数 $\sin\pi x$ が0となる点である整数どうしを，足し算によって組合せた $n+m$（n, m は整数）において0となるような関数です．ただし，n と m は，0以上のものに制限するのが，このテンソル積の特徴です．この制限がないと，一つの解 $n+m$ を表すための n, m の組合せが無数に存在してしまい，関数が定義できないからです．この制限を提唱したのが黒川信重先生であり，それを使って多重化されたゼータ関数を「**黒川テンソル積**」と呼んでいます．

黒川テンソル積をゼータ関数 $\zeta(x)$ に対して用いることにより，リーマン予想は解決できると考えられており，研究は日々進行中です．

第24話 オイラー積《せき》の絶対収束《ぜったいしゅうそく》

優　オイラー積の掛ける順序は，素数の大きさの順だから，無限積

$$\prod_p \left(1-\frac{1}{p^2}\right)^{-1}.$$

とは，素数を小さい方から順に増やしていき

$$\left(1-\frac{1}{2^2}\right)^{-1},$$
$$\left(1-\frac{1}{2^2}\right)^{-1}\left(1-\frac{1}{3^2}\right)^{-1},$$
$$\left(1-\frac{1}{2^2}\right)^{-1}\left(1-\frac{1}{3^2}\right)^{-1}\left(1-\frac{1}{5^2}\right)^{-1},$$
$$\left(1-\frac{1}{2^2}\right)^{-1}\left(1-\frac{1}{3^2}\right)^{-1}\left(1-\frac{1}{5^2}\right)^{-1}\left(1-\frac{1}{7^2}\right)^{-1},$$
$$\vdots$$

としていったときの極限値のことですね．

景子　これは，ディリクレ級数の一般項 $\frac{1}{n^2}$ のうち，n の素因数を，最初は 2 のみ，次は 2 と 3 のみ，と制限したものですから，

$$\left(1-\frac{1}{2^2}\right)^{-1} = 1+\frac{1}{2^2}+\frac{1}{4^2}+\frac{1}{8^2}+\cdots,$$
$$\left(1-\frac{1}{2^2}\right)^{-1}\left(1-\frac{1}{3^2}\right)^{-1} = 1+\frac{1}{2^2}+\frac{1}{3^2}+\frac{1}{4^2}+\frac{1}{6^2}+\cdots$$

などとなりますね．

優　ディリクレ級数の定義式

$$\zeta(2)=1+\frac{1}{2^2}+\frac{1}{3^2}+\frac{1}{4^2}+\frac{1}{5^2}+\frac{1}{6^2}+\frac{1}{7^2}+\frac{1}{8^2}+\cdots$$

の級数から，項をとびとびに選んで加えた和になっていますね．

景子　ディリクレ級数は，全部加えても収束することを証明済みですから，これでオイラー積も収束するといえますね．

ゼータ　残念ながら，その論理は不完全なんだ．

優　どうしてですか？

ゼータ　ディリクレ級数とオイラー積では，項を加える順序が異なるからだよ．

景子　確かに，ディリクレ級数は，一般項 $\frac{1}{n^2}$ を，$n=1,2,3,4,\cdots$ の順で加えているのに対して，オイラー積は，最初に素因数が2のみの $n=1,2,3,4,8,16,\cdots$を加え，次に，素因数3を持つ $n=3,6,9,\cdots$ を加えていますから，足し算の順序は違いますね．

優　足し算の順序は変えても結果は変わらないのでは？　学校で「交換の法則」を習った覚えがあります．

ゼータ　残念ながら，交換が可能なのは「有限個の足し算」だけだよ．「無限個の足し算」では，交換の法則は成り立たないんだ．

景子　そうなんですか？　加える順番を変えると，値が変わってしまうことがあるんですか？

ゼータ　実はね，級数が収束する仕組みには2つの種類があって，それによって事情が異なるんだ．

優　どんな種類ですか？

ゼータ　項がきわめて0に近い，すなわち，各項の絶対値が十分小さいことによる収束と，項どうしの打ち消し合いによる収束の，2つだよ．

景子　「打ち消し合い」とは，プラスマイナスによる打ち消し合いのことですね．それでしたら，$\zeta(2)$ のディリクレ級数では起きていません．

$$\zeta(2)=1+\frac{1}{2^2}+\frac{1}{3^2}+\frac{1}{4^2}+\frac{1}{5^2}+\frac{1}{6^2}+\frac{1}{7^2}+\frac{1}{8^2}+\cdots$$

優　すべての項が正ですから，プラスマイナスの打ち消し合いはありません．

ゼータ　打ち消し合いのおかげで収束する級数として，こんな例がある．

$$1-\frac{1}{2}+\frac{1}{3}-\frac{1}{4}+\frac{1}{5}-\frac{1}{6}+\frac{1}{7}-\frac{1}{8}+\cdots.$$

景子　調和級数の符号を，一つ置きにマイナスに変えたものですね．

ゼータ　正と負の符号が一つ置きに繰り返される級数を，**交代級数**という．

優　この交代級数は，どうして収束するとわかるんですか？

ゼータ　項を足したり引いたりして，和がどのように変化するか，詳しく見てみるとわかるよ．

景子　足したり引いたりすることで，級数の値は増えたり減ったりするのですが，その変化の幅がだんだん小さくなっていきますね．

優　1回に変化する量は $\frac{1}{n}$ で，n が増えるほど減少して0に収束しています．

ゼータ　したがって，級数の和の値が収束することが，図からもわかるよね．

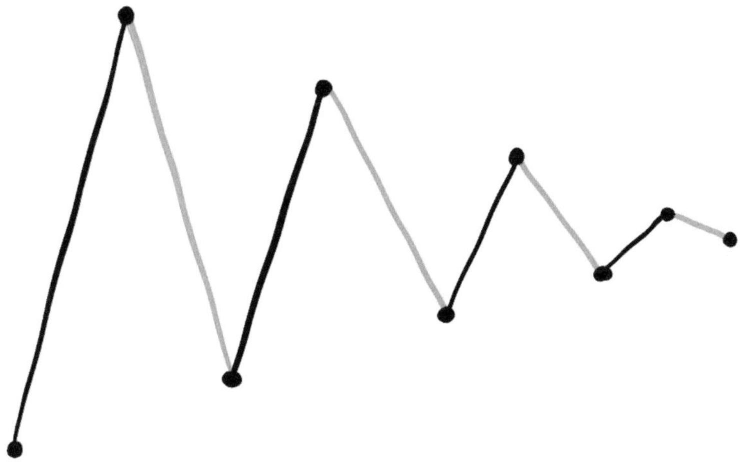

ゼータ　これは $\dfrac{1}{n}$ に限らず「単調減少で 0 に収束する数列」ならいつでも成り立つんだ．つまり，そういう数列にプラスマイナスを交互に付けた級数は，必ず収束する．これは**ライプニッツの判定法**という有名な定理だよ．

景子　これで，調和級数にプラスマイナスをつけて交代級数にした

$$1-\frac{1}{2}+\frac{1}{3}-\frac{1}{4}+\frac{1}{5}-\frac{1}{6}+\frac{1}{7}-\frac{1}{8}+\cdots.$$

は，収束することがわかりました．

ゼータ　計算してみると，この値は 0.6931…となるよ．

優　それで，「交換の法則が成り立たない」とは，どういうことですか？

ゼータ　この交代級数の項の順序を変え，「正の項を 2 つ，負の項を 1 つ」という順番で算入していくと，こんな級数になる．

$$1+\underbrace{\frac{1}{3}}_{}-\frac{1}{2}+\frac{1}{5}+\frac{1}{7}-\frac{1}{4}+\frac{1}{9}+\frac{1}{11}-\frac{1}{6}+\cdots.$$

正の項　正の項　正の項

この極限値が，交代級数の 0.6931…より大きくなることがわかるかな？

景子　常に正の項を多めに加えているので，正がリードした状態で極限をとるわけですね．

優　それでも，すべての項が登場する事実には変わりありませんから，全体としては「同じ顔ぶれの和」になっていますね．

ゼータ　計算してみると，極限値は 1.0397…となる．交代級数の値 0.6931…の 1.5 倍だよ．

景子　値が等しくないということは，足し算の交換の法則は，無限個の足し算では成り立たないのですね．

優　小学校以来，「当たり前」と思っていたことが崩れて，驚いています．

ゼータ　ゼータの 2 つの表示「ディリクレ級数」と「オイラー積」は，項の顔ぶれは同じだけど，加える順序が異なるので，必ずしも等しくないんだ．

景子　順序が違う 2 つの級数の値が等しいことは，どうやって証明するんですか？

ゼータ　級数が収束する 2 つの仕組みのうちの もう 1 つである，「各項が十分 0 に近いこと」が成り立てばよい．

優　「打ち消し合いに頼らない収束」ですね．

景子　そのようなタイプの収束は，どうやって定義されますか？

ゼータ 「各項の絶対値をとった級数が収束すること」と定義される．このようなタイプの収束を**絶対収束**，もう一方のタイプの収束を**条件収束**と呼ぶ．

優 「絶対値をとって収束する」から絶対収束ですね．

ゼータ そうすると，「絶対収束する級数は，項の順序を変えても和の値は変わらない」という定理が成り立つんだ．

景子 絶対収束は，打ち消し合いに頼らない収束なので，足したり引いたりする順序を気にしなくていいのですね．

優 このディリクレ級数の収束は，絶対収束かな？

$$\zeta(2) = 1 + \frac{1}{2^2} + \frac{1}{3^2} + \frac{1}{4^2} + \frac{1}{5^2} + \frac{1}{6^2} + \frac{1}{7^2} + \frac{1}{8^2} + \cdots.$$

景子 各項が正だから，絶対値をとっても同じなので，絶対収束よね．

優 それなら，項の順序を変えたオイラー積も収束しますね．

ゼータ その通り．ただし，オイラー積の絶対収束は，「各項の絶対値の積」ではないから気をつけよう．

景子 積を展開したときの級数の収束でしたね．

優 級数の極限のとり方が，積の因子を一つずつ増やしていった極限なので，加える順序が独特なのでしたね．

景子 これで，ゼータ関数の 2 つの定義式，ディリクレ級数とオイラー積が，どちらも $x \geqq 2$ で絶対収束することが示せました．

column
24

足《た》し算《ざん》の順序《じゅんじょ》を変えると？

本文では，足し算の交換法則が成り立たない例として，

$$1-\frac{1}{2}+\frac{1}{3}-\frac{1}{4}+\frac{1}{5}-\frac{1}{6}+\frac{1}{7}-\frac{1}{8}+\cdots=0.6931\cdots$$

の順序を変えて

$$\underbrace{1+\frac{1}{3}}_{\text{正の項}}-\frac{1}{2}+\underbrace{\frac{1}{5}+\frac{1}{7}}_{\text{正の項}}-\frac{1}{4}+\underbrace{\frac{1}{9}+\frac{1}{11}}_{\text{正の項}}-\frac{1}{6}+\cdots=1.0397\cdots$$

となる事実を紹介しました．この2つの値は自然対数で表せます．最初の交代級数の値は $\log 2$，順序を変えた値は $\frac{3}{2}\log 2$ で，ちょうど1.5倍となります．

これは順序の変え方の一例に過ぎません．正の項を3個，負の項を2個というように，個数をいくらでも変えることができますし，そもそも個数を一定にする必要すらなく，最初は正の項を4個，負の項を2個，次に正の項を3個，負の項を5個，などと，ランダムに変えていってもよいわけです．もちろん，別の並べ替えの結果は，別の値になります．では，この級数の順序をいろいろに変えて得られる値の全体は，どのような集合になるのでしょうか．値の全貌はどうなっているのでしょう．

実は，その答えは，実数の全体の集合と一致します．この級数の順序をいろいろに変えると，どんな実数に収束させることも可能なのです．すなわち，任意の実数 x に対し，無限級数の極限値が x となるような項の並べ替え方が存在することが，証明できます．

これは，一見，意外なことに思えるかもしれませんが，よく考えてみると自然な結論であると感じられます．というのは，交代級数の一般項が0に収束していることから，十分先の方の順序交換は，非常に微小な極限値の変化となって現れます．一般項が0にいくらでも近づくことから，極限値の変化はいくらでも微小になり，十分先で順序交換を行うことにより，どんな微小な

調整もできることになります.

あとは，値の範囲が上下に限りがないことを確かめればよいわけですが，これは次のように考えればわかります．上の例の,「正の項を2個,負の項を1個」と並べた極限値を一般化し,「正の項を n 個，負の項を1個」と並べ替えた極限値を S_n とします．$n \to \infty$ とすれば,明らかに $S_n \to \infty$ となります．つまり，いくらでも大きな値に収束する並べ替えが存在するわけです. 同様にして,「正の項を1個，負の項を n 個」と並べ替えたときの級数の値を考えれば，$-\infty$ にいくらでも近い値に収束する並べ替えの存在を示せます．以上のことから，値の範囲には限りがなく，いくらでも大きな値もあれば，小さな値（負の大きな値）もあることがわかります.

範囲が全体であり，その中でいくらでも微小な調整が効くのですから，結局，極限値は実数全体をなすことになります.

第25話 「実数乗《じっすうじょう》」とは？

景子　ゼータ関数の定義式が，$x \leqq 1$ で発散し，$x \geqq 2$ で絶対収束することはわかりました．

優　残りの区間，$1 < x < 2$ は，どうなるのでしょうか．

ゼータ　結論を言ってしまうと，絶対収束が正解だよ．

景子　そうすると，ゼータ関数の定義式は，「$x \leqq 1$ で発散，$x > 1$ で絶対収束」となりますね．

優　証明は難しいんですか？

ゼータ　高校までの数学で完全な証明を理解するのは難しいけど，証明の概略を追うだけなら可能だろうね．

景子　どんな方法で証明するんですか？

ゼータ　その前に，問題の意味を再確認しておこう．

優　目標は，このディリクレ級数が，$1 < x < 2$ で収束することの証明です．

$$\zeta(x) = 1 + \frac{1}{2^x} + \frac{1}{3^x} + \frac{1}{4^x} + \frac{1}{5^x} + \frac{1}{6^x} + \frac{1}{7^x} + \frac{1}{8^x} + \cdots.$$

ゼータ　x は分母の指数に登場しているね．x が自然数なら，3^x は，「x 個の 3 を掛け合わせる」と意味が明白だけど，$1 < x < 2$ だと整数でない半端な数になる．3^x はどういう意味になるか，わかるかな？

景子　xが有理数のときは，$x=\dfrac{m}{n}$とすると，「x乗」の意味は「m乗のn乗根」と習いました．たとえば，「3の$\dfrac{1}{2}$乗」は，「3の平方根」なので，$3^{\frac{1}{2}}=\sqrt{3}$ です．

優　でも，有理数のx乗が実際にどれくらいの数になるか，実感は持てません．

景子　それに，xが無理数のときは，習っていないからわかりません．

優　$3^{\sqrt{2}}$とか3^{π}は，定義できるんでしょうか．

ゼータ　たとえば，$100^{\frac{3}{2}}$と$101^{\frac{3}{2}}$はどれくらい違うか，わかるかな？

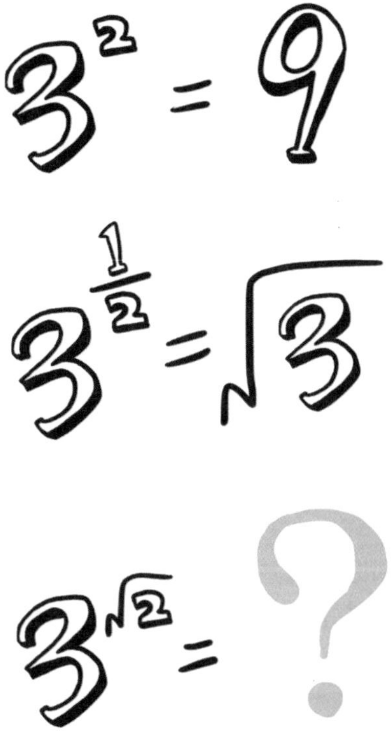

景子 いいえ．考えたことがないです．

ゼータ 二項定理は，学校で習ったよね．

優 はい．こんな定理です．

$$(a+b)^x = a^x + xa^{x-1}b + \frac{x(x-1)}{2}a^{x-2}b^2 + \cdots + xab^{x-1} + b^x$$

景子 右辺の係数は「二項係数」といって，一般項は「x個からr個を選ぶ組合せの数」で，こんな定義でした．

$$ {}_xC_r = \frac{x(x-1)(x-2)\cdots(x-r+1)}{r!} \qquad (r = 0, 1, 2, \cdots, x).$$

ゼータ 学校では，これをxが整数のときに習うのだけど，実は，少し修正をすれば，xを実数に広げても成り立つんだ．

優 xが整数でないと，rの範囲の最後の $r = x$ が起きませんね．

ゼータ よいところに気がついたね．そのため，第一の修正として，rは0以上のすべての整数をわたらせる．二項定理は，こんな無限級数になるよ．

$$(a+b)^x = a^x + xa^{x-1}b + \frac{x(x-1)}{2}a^{x-2}b^2 + \frac{x(x-1)(x-2)}{3!}a^{x-3}b^3 + \cdots .$$

景子 学校で習った二項定理も，もとはこれと同じ無限級数だったとも考えられるわね．

優 なるほど．それは，$r = x$ から先は $x - r = 0$ より二項係数が0になるから，結果的に有限和で表されたということだね．

ゼータ ちなみに，二項係数の記号は，x が実数のときは，記号 ${}_xC_r$ の代わりに $\dbinom{x}{r}$ を使うことが多いね．つまり，二項係数の定義はこうなる．

$$\binom{x}{r} = \frac{x(x-1)(x-2)\cdots(x-r+1)}{r!} \qquad (r = 0, 1, 2, \cdots).$$

景子 こんな公式が成り立つわけですね．

$$(a+b)^x = a^x + \binom{x}{1}a^{x-1}b + \binom{x}{2}a^{x-2}b^2 + \binom{x}{3}a^{x-3}b^3 + \cdots .$$

この無限級数は，収束するんですか？

ゼータ 残念ながら，いつでも収束するわけではない．収束するかどうかは，a と b のバランスによるんだ．わかりやすいように，a をくくりだして，

$$(a+b)^x = a^x \left(1 + \frac{b}{a}\right)^x$$

と考えて，$\dfrac{b}{a}$ を改めて b とおき，$(1+b)^x$ を考えよう．

優 最初の式で $a = 1$ にするのと同じですね．

景子 無限級数は，こんな形になります．

$$(1+b)^x = 1 + xb + \frac{x(x-1)}{2}b^2 + \cdots .$$

ゼータ 実は，この無限級数が，$-1 < b < 1$ で収束することが証明されている．これを**二項展開**と呼ぶよ．

優　今，x は任意の実数でしたよね．

ゼータ　だからこの式を，x 乗の定義とすることもできるんだ．

景子　x が有理数でも無理数でも，関係なく定義できるんですね．

ゼータ　それだけじゃない．二項展開を使うと，x 乗が実際にどれくらいの数なのかも実感できる．

優　無限級数の値を計算できるんですか？

景子　無限和の計算は難しそうですが．

ゼータ　収束範囲の $-1 < b < 1$ では，b^x は $x \to \infty$ のとき急速に 0 に収束する．だから，最初の数項を計算するだけで，値はほぼわかるんだよ．

優　先ほど挙げた $100^{\frac{3}{2}}$ と $101^{\frac{3}{2}}$ はどれくらい違うかという問題もわかりますか？

景子　まず，二項展開の最初の 2 項でだけ計算してみると，こうなりますね．

$$
\begin{aligned}
101^{\frac{3}{2}} &= (100+1)^{\frac{3}{2}} \\
&= 100^{\frac{3}{2}}\left(1+\frac{1}{100}\right)^{\frac{3}{2}} \\
&= 100^{\frac{3}{2}}\left(1+\frac{3}{2}\cdot\frac{1}{100}+\cdots\right) \\
&= 100^{\frac{3}{2}}+15+\cdots \\
&= 1015+\cdots.
\end{aligned}
$$

優　計算機で本当の値を求めると，$101^{\frac{3}{2}} = 1015.0375$ だから，最初の 2 項しか計算していないのに，かなり近いですね．

ゼータ 次の項は

$$100^{\frac{3}{2}}\binom{\frac{3}{2}}{2}\frac{1}{100^2} = 1000\cdot\frac{\frac{3}{2}\cdot\frac{1}{2}}{2}\cdot\frac{1}{10000} = \frac{3}{80} = 0.0375$$

となり，最初の 3 項だけで，$101^{\frac{3}{2}} = 1015.0375$ という近似値がわかる．

景子 小数第 3 位まで等しいうえに，小数第 4 位もかなり近いところまで出ているんですね．

優 計算機を使わず簡単にここまでわかるなんて，すごいです．

column 25

テイラー展開《てんかい》

本文で紹介している「二項展開」は, 大学の微分積分学で習う「**テイラー展開**」の一種です. テイラー展開とは, いわば,「わからない表記」を「わかる表記」に書き換える技術です.

2^{π} という数は,「π 個の 2 を掛ける」という指数本来の意味では不可解なので,「わからない表記」です. 一方, π^2 という数は,「2 個の π を掛ける」という明確に意味のわかる表記です. そこで, 2^{π} という「わからない表記」を, π^2 のような「わかる表記」を使って書き換えた公式が, 二項展開です.

二項展開の公式では, 実数 x に対し, 2^x を, x^k $(k=0,1,2,3,\cdots)$ たちによる無限級数として表しました. テイラー展開を使うと, こんなふうに, わからない表記の関数をわかる表記の関数で表すことができます.

たとえば, 高校で習う三角関数や対数関数も, sin, cos, tan, log といった 3 個のアルファベットで表される文字列を, ある約束事で定義した関数なので「わからない表記」です. 一方, x^k は,「k 個の x を掛け合わせる」と明確な意味が数式中に記載されている「わかる表記」です.

テイラー展開を使うと,「わからない表記」の関数を, x^k $(k=0,1,2,3,\cdots)$ たちによる無限級数として「わかる表記」で書き換えることができます. その結果は, 以下のようになります.

(1) **指数関数** $$a^x = 1 + lx + \frac{l^2}{2}x^2 + \frac{l^3}{3!}x^3 + \cdots \quad (a>0).$$

(2) **正弦関数** $$\sin x = x - \frac{x^3}{3!} + \frac{x^5}{5!} - \frac{x^7}{7!} + \frac{x^9}{9!} + \cdots.$$

(3) **余弦関数** $$\cos x = 1 - \frac{x^2}{2} + \frac{x^4}{4!} - \frac{x^6}{6!} + \frac{x^8}{8!} + \cdots.$$

(4) **対数関数** $$\log(1-x) = -x - \frac{x^2}{2} - \frac{x^3}{3} + \cdots \quad (-1 \leqq x < 1).$$

(1) の l は「aの自然対数」と呼ばれる数で，aによって定まる定数で，$l = \log_e a$と書かれます．$a = 1$のとき $l = 0$です．また，$l = 1$となるのは $a = 2.718\cdots$ のときで，この値を「自然対数の底」と呼び，eと書きます．すなわち，

$$e^x = 1 + x + \frac{x^2}{2} + \frac{x^3}{3!} + \cdots .$$

が成り立ちます．

(1)(2)(3)は，任意の実数xに対して成り立ちますが，(4)はxの範囲が定められています．これは，(1)(2)(3)は係数の分母が階乗であるため，係数の値がきわめて0に近くなり，無限級数が収束しやすいからです．これに対し，(4)は階乗がないため，無限級数が収束するにはx^kが0に近づく必要があるわけです．厳密には，$x = -1$のところでは，x^kが0に近づいていませんが，そこでは別の理由で収束しています．ちょうど本文で登場したばかりのライプニッツの判定法を使うと証明できます．興味のある人は考えてみるとよいでしょう．

第26話 絶対《ぜったい》収束《しゅうそく》域《いき》の確定《かくてい》

景子 整数でない半端な x を使った「x 乗」の意味がわかったので，$1<x<2$ のときにディリクレ級数

$$1+\frac{1}{2^x}+\frac{1}{3^x}+\frac{1}{4^x}+\frac{1}{5^x}+\frac{1}{6^x}+\frac{1}{7^x}+\frac{1}{8^x}+\cdots$$

が収束することの証明を教えてください．

ゼータ 方法は，今までに習った定理を利用するんだよ．

優 前回習った，「ライプニッツの判定法」は，交代級数のときの定理なので，ここでは使えないですよね．

ゼータ 実は，強引に交代級数を作るんだよ．こんな級数を考えるんだ．

$$1-\frac{1}{2^{x-1}}+\frac{1}{3^{x-1}}-\frac{1}{4^{x-1}}+\cdots.$$

景子 $x>1$ なので，指数の $x-1$ は正となり，各項の絶対値は減少して 0 に収束しますから，ライプニッツの判定法で，この交代級数は収束することがわかりますね．

優 ただ，これがもとのゼータのディリクレ級数とどういう関係があるのか，わかりません．

ゼータ もとのゼータと比べると，x が $x-1$ になっているから，もとのゼータが $x>1$ で絶対収束することは，この級数が $x>2$ で絶対収束することに対応するね．

景子　x を1ずらして絶対収束する範囲を狭くした代わりに，プラスマイナスの符号をつけて，収束する範囲を広げたんですね．

優　だから，この交代級数の収束から，ゼータのディリクレ級数の収束が示されるというわけですか．

景子　不等式の関係を示すのでしょうか．

ゼータ　そうだよ．この交代級数で，正と負の項が並んでいるところを組にして考えると，次の不等式がわかるんだ．

$$
\begin{aligned}
1-\frac{1}{2^{x-1}} &> \frac{x-1}{4} \\
\frac{1}{3^{x-1}}-\frac{1}{4^{x-1}} &> \frac{x-1}{4}\cdot\frac{1}{2^{x}} \\
\frac{1}{5^{x-1}}-\frac{1}{6^{x-1}} &> \frac{x-1}{4}\cdot\frac{1}{3^{x}} \\
\frac{1}{7^{x-1}}-\frac{1}{8^{x-1}} &> \frac{x-1}{4}\cdot\frac{1}{4^{x}} \\
&\ \vdots
\end{aligned}
$$

優　右辺に，ゼータ関数のディリクレ級数の項が出てきましたね．

景子　この不等式を辺々加えれば，交代級数とゼータ関数の間の大小関係が得られますね．

$$
\begin{aligned}
&1-\frac{1}{2^{x-1}}+\frac{1}{3^{x-1}}-\frac{1}{4^{x-1}}+\cdots \\
&\qquad > \frac{x-1}{4}\left(1+\frac{1}{2^{x}}+\frac{1}{3^{x}}+\frac{1}{4^{x}}+\frac{1}{5^{x}}+\frac{1}{6^{x}}+\frac{1}{7^{x}}+\frac{1}{8^{x}}+\cdots\right)
\end{aligned}
$$

優　大きい方の左辺が収束するから，それよりも小さい右辺は必然的に収束することがわかるのですね．

景子 今, x は 1 より少し大きな実数だから, 右辺に掛かっている分数 $\frac{x-1}{4}$ は, 単なる正の定数で, 収束・発散には影響ないですね.

優 では, 最初の一つ一つの不等式は, どうやって証明したのですか？

ゼータ 上から 3 つ目の, 5 と 6 の項でやってみようか. 通分すると,

$$\frac{1}{5^{x-1}} - \frac{1}{6^{x-1}} = \frac{6^{x-1} - 5^{x-1}}{5^{x-1}6^{x-1}}$$

となるので, 二項展開を使って分子を計算すればいいんだ.

景子 分子だけ取り出してみると,

$$\begin{aligned} 6^{x-1} - 5^{x-1} &= (5+1)^{x-1} - 5^{x-1} \\ &= 5^{x-1}\left(\left(1+\frac{1}{5}\right)^{x-1} - 1\right) \\ &= 5^{x-1}\left(\frac{x-1}{5} + \cdots\right). \end{aligned}$$

優 これを分母の $5^{x-1}6^{x-1}$ で割ると, ちょうど 5^{x-1} が約分されるから, こうなるよ.

$$\frac{1}{5^{x-1}} - \frac{1}{6^{x-1}} = \frac{1}{6^{x-1}}\left(\frac{x-1}{5} + \cdots\right)$$

ゼータ ここで, 分母の 5 を 6 で置き換えて不等式を作る. 前に見たように, 右辺の「…」の部分は桁違いに小さいので, 5 を 6 で置き換えた効果の方がはるかに大きいから, 削除しても不等式は成り立つ.

$$\frac{1}{5^{x-1}} - \frac{1}{6^{x-1}} > \frac{x-1}{6^x}.$$

景子 目標は分母を 3^x にすればよいので，$6^x = 2^x 3^x$ と分解して，邪魔な 2^x は，x の範囲 $1 < x < 2$ を使って $x = 2$ のときの $2^2 = 4$ で置き換えれば，不等式ができますね．こんなふうに．

$$\frac{1}{5^{x-1}} - \frac{1}{6^{x-1}} > \frac{x-1}{6^x} = \frac{x-1}{2^x 3^x} > \frac{x-1}{4 \cdot 3^x}.$$

優 ふぅ，これでやっと証明できました．長かったです．

景子 二項展開で最初の項がプラスマイナスで打ち消し合って消えるのがポイントですね．

ゼータ 二項展開は，1 乗ずつ下がっていく級数で表されるから，初項が消えれば第 2 項は 1 次下がることになる．そう考えると，この証明は見通しがいいんだよ．

優 そうでしょうか．とても長くて複雑に見えますが．

ゼータ それなら，「分母の指数」がマイナス乗であることを利用して，通分せずに最初から負の指数に対して二項展開を使えば，もっと早くできるよ．

景子 こういうことですか．

$$
\begin{aligned}
\frac{1}{5^{x-1}} - \frac{1}{6^{x-1}} &= 5^{-x+1} - 6^{-x+1} \\
&= (6-1)^{-x+1} - 6^{-x+1} \\
&= 6^{-x+1}\left(\left(1-\frac{1}{6}\right)^{-x+1} - 1\right) \\
&= 6^{-x+1}\left(-\frac{-x+1}{6} + \cdots\right) \\
&> \frac{x-1}{6^x} = \frac{x-1}{2^x \cdot 3^x} \\
&> \frac{x-1}{4 \cdot 3^x}.
\end{aligned}
$$

ゼータ　さすがは景子ちゃん．よくできたね．

優　ともかくこれで，ゼータ関数のディリクレ級数が，$x>1$ で収束することが証明できました．

景子　これで，オイラー積も，$x>1$ で収束することが証明できますね．

優　それは，さっき考えたように，すべての項が正なので収束は絶対収束となり，項の順序を入れ替えても和の値が同じことからわかりますね．

column
26

発明《はつめい》か発見《はっけん》か

数学者によって新たに証明された定理を「発明」と「発見」のどちらの呼称で呼ぶかは，人によるかもしれません．ただ，数学者は「発見」と呼ぶことが多いと思います．

それは，数学者は，「真実は前からそこに存在していたが，人間が理解できていなかっただけ」と感じているからです．人間の努力でそれが見えるようになったので，「発見」という感覚なのです．

私自身，論文の山場となる困難を乗り越えた瞬間の経験を思い起こしてみても，まさに発見と呼べる情景が脳裏に焼き付いています．

それは，アメリカ在住時，ある整数論の難問にぶつかり，来る日も来る日も一人で研究室にこもり，誰もいない個室で夜遅くまで考えていたときのことでした．何か月かのうちに，少しずつ問題の概要がつかめてきて，ついに「こうすれば解けそうだ」と思えたとき，ちょうど，砂ぼこりで一寸先も見えなかった状態から，何かがうっすらと見える光景が，脳裏にはっきりと浮かびました．それは，眼前にそびえたつ巨大な戦車の車体の一部のようでもありました．

あたりは砂ぼこりなので，動いてはいけません．もし自分が動いたら，ほこりが舞い上がってまた見えなくなります．今，解決の糸口がつかめた，その状態を大切に保つように，緊張感の中で息もひそめて静止したまま，砂ぼこりが沈静化し，その物体の輪郭が霧が晴れるようにくっきりと見えてくるのを，じっと待つ必要がありました．

それは，紛れもなく，最高に幸福な時間でした．静観する間の仕事は，ひたすら待つことです．砂ぼこりと，そして自分の興奮が収まるのを，じっと待つのです．あとは時間さえ経過すれば，それまでに集中して思考してきた結果が，大きな実りとなって見えてくる，それが確信できたからです．徐々に全貌が露わになってくるその光景こそ，まさに「発明」ではなく「発見」だったと思います．

ただ，そんな幸せな経験は，私の数学者としての人生の中でも，過去に2，3回しかありません．私は数学者になって約30年ですので，約10年に一度しかないことになります．

以上はあくまで，私の個人的な体験談です．もっと優秀な数学者は，毎日のようにそんな経験を味わっている人もいるかもしれませんし，逆に，そんな情景など見たことがなく，数学の研究をサラリーマンのデスクワークのように，日々淡々と事務的にこなして進めていくタイプの優秀な数学者も，何人も知っています．いろいろなタイプの人間が自由な方法でできることも，数学研究の魅力なのかもしれません．

第27話 オイラーのL関数《えるかんすう》

景子　オイラーによるゼータの発見は，数学史上でも大きな業績なんですか？

優　ゼータのおかげで，「素数が無数にある」というユークリッドの定理の新証明ができただけでなく，史上初の改良までできたのでしたね．

ゼータ　実は，それだけじゃないんだ．だからこそ，ゼータの発見は大きな価値を持つ．

景子　え，まだあるんですか？

ゼータ　オイラーは，ゼータを変形させた「L関数」を初めて考えた．

優　それを使って，さらに新しい定理が証明できるんですか？

ゼータ　「4で割って1余る素数」のように，「割った余りが決められた素数」が無数に存在することを証明できる．

景子　オイラーのL関数は，どんな定義ですか？

ゼータ　ゼータ関数のディリクレ級数表示で，奇数項だけを取り出し，交代級数に書き換えたものだよ．

$$L(x) = \frac{1}{1^x} - \frac{1}{3^x} + \frac{1}{5^x} - \frac{1}{7^x} + \cdots$$

これが，**オイラーのL関数**のディリクレ級数表示だ．

優　交代級数ということは，一つおきにマイナスが付くのですね．

ゼータ 定義を書くと，このようになるよ．

4 で割って 1 余る奇数 ➡ **プラス**
4 で割って 3 余る奇数 ➡ **マイナス**

景子 これを数式で定義することもできるんですか？

ゼータ 奇数 n に対し，$(-1)^{\frac{n-1}{2}}$ と定義すればいい．

優 $n=4k+1$ なら $\dfrac{n-1}{2}=\dfrac{4k}{2}=2k$ なので，
$(-1)^{\frac{n-1}{2}}=(-1)^{2k}=\left((-1)^2\right)^k=1^k=1$ となるから合いますね．
また，$n=4k+3$ なら $\dfrac{n-1}{2}=\dfrac{4k+2}{2}=2k+1$ なので，
$(-1)^{\frac{n-1}{2}}=(-1)^{2k+1}=\left((-1)^2\right)^k\times(-1)=1^k\times(-1)=-1$
となり，確かに合いますね．

景子 ディリクレ級数が収束するのは，どんな x のときでしょうか．ゼータ関数の収束域である $x>1$ では，当然 $L(x)$ も収束しますね．

ゼータ $x>1$ では絶対収束するね．実際，各項の絶対値をとった

$$\frac{1}{1^x}+\frac{1}{3^x}+\frac{1}{5^x}+\frac{1}{7^x}+\cdots$$

は，ゼータ関数のディリクレ級数表示の奇数項の部分だから収束する．

優 でも，各項の絶対値をとる前の，もとの $L(x)$ だと，打ち消し合いがあるから，$x=1$ でも ∞ にならない気がします．

ゼータ よく気がついたね． $L(x)$ のディリクレ級数は，$0<x\leqq 1$ で条件収束する．収束域は $x>0$ となり，$x=1$ で $L(1)$ は有限となるよ．

景子　前に習った「ライプニッツの判定法」を使えば証明できそうですね．

ゼータ　その通り．$x>0$ である限り，奇数が大きくなるにつれ，$\frac{1}{(\text{奇数})^x}$ は単調減少で 0 に収束するから，ライプニッツの判定法により，$L(x)$ のディリクレ級数は収束するね．

優　オイラー積はあるんですか？

ゼータ　ゼータ関数のときにならって考えてごらん．

景子　ゼータ関数のときは，素因数分解を使っていました．

$$\frac{1}{2^{2x}} \times \frac{1}{3^x} = \frac{1}{12^x}$$

のように，素数のべき乗の積の組合せですべての自然数を表せることで，オイラー積を得ていました．

優　今度は奇数だけだから，たとえば，15 は「4 で割って 3 余る奇数」だから符号がマイナスで，15 の素因数である 3 は「4 で割って 3 余る数」，5 は「4 で割って 1 余る数」なので，

$$\left(-\frac{1}{3^x}\right) \times \frac{1}{5^x} = -\frac{1}{15^x}$$

となり，符号も含めて分解が成り立ちますね．

景子　このときは，こんな積の法則が成り立っているのね．

（4 で割って 3 余る数）×（4 で割って 1 余る数）
＝（4 で割って 3 余る数）

優　これがちょうど，(-1) の掛け算の規則 $(-1)\times 1=-1$ と合っているね．

景子　他の組合せでも，掛け算の規則

$$(-1)\times(-1)=1, \qquad 1\times 1=1$$

に対応して，

(4 で割って 3 余る数) × (4 で割って 3 余る数)
= (4 で割って 1 余る数)，

(4 で割って 1 余る数) × (4 で割って 1 余る数)
= (4 で割って 1 余る数)

が成り立つなら，$L(x)$ のオイラー積表示が示せるわね．

ゼータ　証明はできるかな？

優　「4 で割って 3 余る数」を $4k+3$ と $4n+3$ (k, n は 0 以上) とおいて計算すればよいですよね．

景子　少し工夫して，$4k-1$ と $4n-1$ (k, n は 1 以上) とする方が簡単ね．

優　なるほど．「余りが 3」は「余りが (-1)」と同じことか．

$$(4k-1)(4n-1) = 4(4kn-k-n)+1.$$

景子　これで，「4 で割って 3 余る数」を 2 つ掛けたら，「4 で割って 1 余る数」になることが証明出来ました．

優　$L(x)$ のオイラー積表示が示せました．

ゼータ ただし，登場する素数はゼータ関数のときとは，少し異なるよね．

景子 奇数の素因数分解なので，素数2は登場せず，それ以外の素数はすべて登場します．

ゼータ その通り． 2以外の素数を**奇素数**と呼ぶ．結局，こんなオイラー積になる．

$$L(x) = \prod_{p:\,\text{奇素数}} \left(1 - \frac{(-1)^{\frac{p-1}{2}}}{p^x}\right)^{-1}.$$

優 このオイラー積は，いつ収束するのでしょうか．

景子 まず，絶対収束は $x > 1$ で，ゼータ関数のときと同じですよね．分子の $(-1)^{\frac{p-1}{2}}$ は，絶対値は1なので，ゼータ関数と同じになります．

優 あと，素数2が入っていないのは，収束発散に関係ないですからね．

ゼータ そう． $L(x)$ のオイラー積が $x > 1$ で絶対収束するというのは，その通りだよ．

景子 では，条件収束はどうでしょうか．やはり，ディリクレ級数と同じく $0 < x \leqq 1$ ですか？

ゼータ 実はそれが，深遠な問題なんだ．

column 27

数学者《すうがくしゃ》になるまで

本書を読んでいる中学生や高校生の皆さんの中に，「数学者になりたい」と思っている人がいるかもしれません．

数学者になるには，一流大学に入る必要があるのでしょうか．実は，数学は実力の世界なので，学歴はあまり関係ありません．ただ，レベルの高い大学は講義内容が充実していますので，実力を伸ばすために有利であり，難関校に入ることに意義はあります．

大学に入学後すぐに研究が始まるわけではなく，1，2年生の間は授業がメインで，まるで高校の続きのように感じるかもしれません．3，4年生でいずれかの教授の研究室を選び，ようやく研究が始まります．研究室では毎週セミナーを行い，学生が勉強してきた内容を黒板で発表します．教授は学生の発表に批評や補足をします．これは卒業まで続きます．

多くの大学では，数学専攻は卒論がないため，初めての論文は大学院に入学してから書くことになります．大学院の入試問題は数学の筆記試験であり，大学で習った数学の範囲から出題されます．試験科目は数学と語学のみですが，数学の中にもいろいろな分野があり，自分が興味を持って研究に取り組んでいる以外の分野の問題も解く必要があるという意味では，受験勉強が大学入試にも似た困難を伴うともいえます．

その代わり，数学の大学院入試は，実力さえあれば，どこでも好きな大学院を自由に受けて構いません．このことは，数学以外の分野で，出身大学の院に進学する人が圧倒的に多く，他大学の院に移る人が少数派であることと比較すると，数学の特徴といえます．

大学院は，2年間の修士（前期）課程と，その後の3年間の博士（後期）課程に分かれます．修士の目標は，修士論文を書くことです．多くの場合，これが人生初の業績となります．初めて自分の定理を発見するわけです．「修士論文で数学者の能力がわかる」「修士論文で数学者の一生が決まる」などともいわれており，後に世界的な数学者になった多くの人々が，修士論文で世界のトップに躍り出た経歴を持っています．

博士課程への進学後は論文を増やしていき，ある程度業績ができたら研究職に応募し，採用されれば研究者としてスタートを切れます．研究者としての評価は，大学院以降の業績によりますが，それまで優等生だった人が，大学院で突如オリジナルな定理を発見する必要に駆られて戸惑うケースも多いようです．日頃から，単に「決められた正解」を見つけることを求められる試験で良い成績をとるだけではなく，「自分ならどう発展させるか」という能動的な視点を持って数学に取り組むことが，大切であるといえそうです．

第28話 オイラー・メルテンスの定理《ていり》

優　L 関数のオイラー積

$$L(x) = \prod_{p:\,\text{奇素数}} \left(1 - \frac{(-1)^{\frac{p-1}{2}}}{p^x}\right)^{-1}.$$

が $0 < x \leqq 1$ で収束するのかという問題は，難しいんですね．

ゼータ　わかっているところから少しずつ考えていくのがよいだろうね．

景子　まず，$x > 1$ で絶対収束することは，さっき確認しました．

優　少しずつ x を小さくしていくなら，次は $x = 1$ ですね．

ゼータ　実は，$x = 1$ で条件収束することが知られている．

景子　$x = 1$ のオイラー積を整理すると，こんな式になりますね．

$$L(1) = \prod_{p:\,\text{奇素数}} \left(1 - \frac{(-1)^{\frac{p-1}{2}}}{p}\right)^{-1} = \prod_{p:\,\text{奇素数}} \frac{p}{p - (-1)^{\frac{p-1}{2}}}.$$

優　最後の分数の分母は，p を 4 で割って 1 余るときは $p-1$ で，3 余るときは $p+1$ ですね．

景子　それって結局，p の前後いずれかの隣にある「4 の倍数」という意味よね．

優　なるほど．そう考えるとわかりやすいな．

景子 積を書いてみると，こんなふうになりますね．

$$L(1) = \frac{3}{4}\cdot\frac{5}{4}\cdot\frac{7}{8}\cdot\frac{11}{12}\cdot\frac{13}{12}\cdot\frac{17}{16}\cdot\frac{19}{20}\cdot\frac{23}{24}\times\cdots.$$

優 分子は奇素数の列で，その隣の「4の倍数」が分母です．

景子 こんな無限積が収束するかどうか，証明するのは難しそうですね．

ゼータ 実は，この無限積は収束するんだよ．

優 絶対収束と条件収束のどちらですか？

景子 条件収束に決まっているわ．だって，$\zeta(x)$のオイラー積が発散するんだから．

ゼータ そう．絶対値をとれば$\zeta(x)$と同じ式になるので，$0 < x \leqq 1$での収束は必ず条件収束となる．絶対収束はあり得ないよ．

優 なるほど．それで，条件収束の極限値は，いくつなんですか．

ゼータ 答えは$\dfrac{\pi}{4}$だよ．**メルテンスの定理**と呼ばれている．次の式になるね．

$$\frac{\pi}{4} = \frac{3}{4}\cdot\frac{5}{4}\cdot\frac{7}{8}\cdot\frac{11}{12}\cdot\frac{13}{12}\cdot\frac{17}{16}\cdot\frac{19}{20}\cdot\frac{23}{24}\times\cdots.$$

景子 メルテンスとは，初めて聞きました．

ゼータ メルテンスは 19 世紀後半に活躍したポーランド人の数学者で，これは 1874 年の業績だよ．でも実は，オイラーが同じ式を 1737 年に発見していたんだ．

優　どうやって証明するんですか？

ゼータ　オイラーは，当時知られていた「マーダヴァ級数」から出発している．こんな式だよ．

$$\frac{\pi}{4} = 1 - \frac{1}{3} + \frac{1}{5} - \frac{1}{7} + \frac{1}{9} - \frac{1}{11} + \frac{1}{13} - \cdots .$$

景子　分母が奇数にわたる，「奇数分の 1」の交代級数ですね．これは有名な公式ですか？

ゼータ　「ライプニッツ級数」という名前で広く知られている．ただ，ライプニッツより 300 年前の 15 世紀にインドの数学者マーダヴァが発見していたことがわかり，正しくは「**マーダヴァ級数**」と呼ぶべきなんだ．

優　インドってすごいんですね．

景子　それで，マーダヴァ級数を使って，どうやってオイラーは証明したんですか？

ゼータ　まず，両辺を 3 で割る，すなわち，分母を 3 倍する．そうすると，こうなる．

$$\frac{1}{3} \cdot \frac{\pi}{4} = \frac{1}{3} - \frac{1}{9} + \frac{1}{15} - \frac{1}{21} + \cdots .$$

優　分母は，「奇数の 3 倍」ですね．それは奇数だから，マーダヴァ級数にもあった項です．

景子　ただ，マーダヴァ級数とは符号が逆になっています．3 倍すると，4 で割った余りが 1 と 3 で入れ替わるので．

優　本当だ．ここの $\frac{1}{3}$ と $-\frac{1}{9}$ は，マーダヴァ級数では，$-\frac{1}{3}$ と $\frac{1}{9}$ で，符号が逆転している．

ゼータ　そこで，この式をマーダヴァ級数と辺々足し合わせると，符号が逆転したところは打ち消し合って 0 になるから，こんな式を得る．

$$\frac{4}{3} \cdot \frac{\pi}{4} = 1 + \frac{1}{5} - \frac{1}{7} - \frac{1}{11} + \frac{1}{13} - \cdots.$$

景子　右辺はマーダヴァ級数の一部分で，「3 の倍数でない奇数」をわたっていますね．

ゼータ　次に，この式の両辺を 5 で割ると，こうなる．

$$\frac{1}{5} \cdot \frac{4}{3} \cdot \frac{\pi}{4} = \frac{1}{5} + \frac{1}{25} - \frac{1}{35} - \frac{1}{55} + \frac{1}{65} - \cdots.$$

優　右辺の分母は，「3 の倍数でない奇数の 5 倍」ですね．

景子　今度は，マーダヴァ級数と符号が等しいです．5 倍しても「4 で割った余り」は変わらないので．

ゼータ　そこで，今回はこの式をマーダヴァ級数から差し引くと，同じ項は打ち消し合って 0 になる．

優　こうなりますね．

$$\frac{4}{5} \cdot \frac{4}{3} \cdot \frac{\pi}{4} = 1 - \frac{1}{7} - \frac{1}{11} + \frac{1}{13} - \cdots.$$

景子　右辺の分母は，打ち消し合わずに残った「3 でも 5 でも割り切れない奇数」です．

ゼータ　以上の操作を繰り返していくのが，オイラーの方法だよ．

優　次は，両辺を7で割った式と，この式を辺々足し合わせるのですね．

景子　すると，右辺の分母は，「3でも5でも7でも割り切れない奇数」となり，こんな式が出ます．

$$\frac{8}{7}\cdot\frac{4}{5}\cdot\frac{4}{3}\cdot\frac{\pi}{4}=1-\frac{1}{11}+\frac{1}{13}+\frac{1}{17}-\cdots.$$

ゼータ　この操作で，「4で割って3余る奇数」は辺々足し合わせる操作で取り除かれ，左辺には $\dfrac{\text{分母に1を加えた4の倍数}}{\text{4で割って3余る奇数}}$ という因数が掛かる．

優　逆に，「4で割って1余る奇数」は辺々差し引く操作によって取り除かれ，左辺に $\dfrac{\text{分母から1を引いた4の倍数}}{\text{4で割って1余る奇数}}$ という因数が掛かるのですね．

ゼータ　一方，右辺はどうなると思う？

景子　両辺を割る数を，3，5，7，…と増やしていけば，あらゆる素因数を持つ数が取り除かれて行くので，最後は初項の1だけが残ります．

優　結局，こんな式になりますね．

$$\cdots\times\frac{24}{23}\cdot\frac{20}{19}\cdot\frac{16}{17}\cdot\frac{12}{13}\cdot\frac{12}{11}\cdot\frac{8}{7}\cdot\frac{4}{5}\cdot\frac{4}{3}\cdot\frac{\pi}{4}=1.$$

景子 これは，メルテンスの定理と同値な式ですね．これで証明ができました．

$$\frac{\pi}{4} = \frac{3}{4} \cdot \frac{5}{4} \cdot \frac{7}{8} \cdot \frac{11}{12} \cdot \frac{13}{12} \cdot \frac{17}{16} \cdot \frac{19}{20} \cdot \frac{23}{24} \times \cdots .$$

ゼータ これは，オイラー積の条件収束の証明に成功した，数学史上でも稀な例なんだ．

優 さらに x を小さくして，$x < 1$ としたら，$L(x)$ のオイラー積の収束はわからないんですか．

ゼータ それが，リーマン予想に直結する未解決問題なんだよ．このことは後でゆっくり説明しよう．

column 28

マーダヴァ級数《きゅうすう》

オイラー・メルテンスの定理を発見した際に，オイラーが用いた「**マーダヴァ級数**」

$$\frac{\pi}{4} = 1 - \frac{1}{3} + \frac{1}{5} - \frac{1}{7} + \frac{1}{9} - \frac{1}{11} + \frac{1}{13} - \cdots .$$

は，高校数学の範囲で証明できます．初項 1，公比 $-x^2$ の無限等比数列の和

$$\frac{1}{1+x^2} = 1 - x^2 + x^4 - x^6 + \cdots$$

の両辺を 0 から 1 まで定積分すればよいのです．

左辺は，$x = \tan\theta$ の置換積分により，

$$\begin{aligned}\int_0^1 \frac{1}{1+x^2}dx &= \int_0^{\frac{\pi}{4}} \frac{1}{1+\tan^2\theta}\frac{d\theta}{\cos^2\theta} \\ &= \int_0^{\frac{\pi}{4}} d\theta = \frac{\pi}{4}.\end{aligned}$$

一方，右辺は，項別に積分して，

$$\begin{aligned}\int_0^1 \left(1 - x^2 + x^4 - x^6 + \cdots\right) dx &= \left[x - \frac{x^3}{3} + \frac{x^5}{5} - \frac{x^7}{7} + \cdots\right]_0^1 \\ &= 1 - \frac{1}{3} + \frac{1}{5} - \frac{1}{7} + \cdots\end{aligned}$$

となることが，証明の概略です．

厳密には，上の証明は「極限の順序交換」を用いているため，論理の補足が必要となります．無限和の「…」の部分と，積分の定義中の 2 か所に極限が含まれており，項別の積分は，2 つの極限の順序交換であるからです．一般に極限の順序交換は成り立ちません．これは，正の数 x, y に対し

$$\lim_{x\to\infty}\left(\lim_{y\to\infty}\frac{1}{1+\dfrac{x}{y}}\right)=1,\quad \lim_{y\to\infty}\left(\lim_{x\to\infty}\frac{1}{1+\dfrac{x}{y}}\right)=0$$

であることからもわかります．

上のマーダヴァ級数の証明には，順序交換が可能であることの証明が必要です．それには，有限等比数列で計算をして最後に極限をとればよいです．やや長くなりますが，やはり高校数学の範囲で記述できます．

第29話 4で割《わ》って1余《あま》る素数《そすう》

景子　オイラーの L 関数 $L(x)$ を使うと，「4で割って1余る素数が無数に存在すること」が証明できるとのことでしたが，どうやるのですか？

ゼータ　まず，オイラーの L 関数

$$L(x)=\prod_{p:\,\text{奇素数}}\left(1-\frac{(-1)^{\frac{p-1}{2}}}{p^x}\right)^{-1}.$$

の分子を1にした $L_0(x)$ という関数を定義する．

$$L_0(x)=\prod_{p:\,\text{奇素数}}\left(1-\frac{1}{p^x}\right)^{-1}.$$

優　$L_0(x)$ は，$\zeta(x)$ と似ていますね．

ゼータ　$p=2$ の因子がないだけだから，それを補えば $\zeta(x)$ に等しくなる．こんなふうに．

$$\zeta(x)=\left(1-\frac{1}{2^x}\right)^{-1}\times L_0(x)$$

景子　$L_0(x)$ の絶対収束域は，$\zeta(x)$ と同じで $x>1$ ですね．

優　それに，「$x\to 1$ ならば $L_0(x)\to\infty$」も，$\zeta(x)$ と同様に成り立ちますね．

ゼータ　ではまず，「4で割って3余る素数」が無数に存在することを証明しよう．分数 $\dfrac{L_0(x)}{L(x)}$ を考える．同じオイラー因子は約分されるよね．

景子　素数 p が「4 で割って 1 余る」とき，約分できます．

優　オイラー積は，「4 で割って 3 余る素数」にわたる積になります．

ゼータ　では，そのような積を $\prod_{p\equiv 3 (\mathrm{mod}\ 4)}$ で表そう．すると，

$$\frac{L_0(x)}{L(x)} = \prod_{p\equiv 3(\mathrm{mod}\ 4)} \frac{\left(1-\frac{1}{p^x}\right)^{-1}}{\left(1+\frac{1}{p^x}\right)^{-1}}$$

となる．

景子　なるほど．ここで，$x \to 1$ とすればよいわけですね．

優　そうか．「ユークリッドの定理」の新証明と同じですね．左辺は $L_0(1) = \infty$ より，右辺で掛ける因子が無限個ないと矛盾します．

ゼータ　その通りだよ．では次に，「4 で割って 1 余る」素数が無数にあることを証明しよう．今度は，積 $L_0(x)L(x)$ を考える．

景子　積だと，約分はできませんね．

ゼータ　実は，少しテクニックを使うんだ．$L(x)$ のオイラー積で「4 で割って 3 余る素数」の因子は，無限等比数列の和を使い次の変形をする．

$$\begin{aligned}\prod_{p\equiv 3(\mathrm{mod}\ 4)} \left(1+\frac{1}{p^x}\right)^{-1} &= \prod_{p\equiv 3(\mathrm{mod}\ 4)} \left(1-\frac{1}{p^x}+\frac{1}{p^{2x}}-\frac{1}{p^{3x}}+\cdots\right) \\ &= \prod_{p\equiv 3(\mathrm{mod}\ 4)} \left(1-\frac{1}{p^x}+\left(\frac{1}{p^x}\text{の 2 乗以上}\right)\right) \\ &\approx \prod_{p\equiv 3(\mathrm{mod}\ 4)} \left(1-\frac{1}{p^x}\right).\end{aligned}$$

優　最後の「≈」は,「ほぼ等しい」という意味ですか？

ゼータ　「収束発散が同じ」という意味だよ.
$\dfrac{1}{p^x}$ の2乗以上の項は0に近いので，無視できるんだ．だから，$\dfrac{1}{p^x}$ の項だけを取り出しても，収束発散は変わらない.

景子　そうすると,「4で割って3余る素数」のオイラー因子が1乗と (-1) 乗で消え,「4で割って1余る素数」だけが残りますね．オイラー因子が2つ共通なので，2乗になり,

$$L_0(x)L(x) \approx \prod_{p\equiv 1 (\text{mod } 4)} \left(1 - \frac{1}{p^x}\right)^{-2}$$

優　そうか．ここで，$x \to 1$ とすればいいんですね.

景子　左辺が無限大に発散するから，右辺も無限大であり，そのためには，因子の個数が無限個.

優　したがって，4で割って1余る素数は無数に存在することがわかりました.

ゼータ　この事実は,「算術級数定理」という，ディリクレが1800年代に証明した定理の一部なんだ.

景子　算術級数定理は，もっと他の場合も含んでいるのですね.

ゼータ　互いに素であるような任意の自然数の組 n と a に対し,「n で割って a 余る素数」が無数に存在する．これが，**算術級数定理**だよ.

優　どうして，そう呼ばれるんですか？　算術級数って何ですか？

ゼータ 高校数学でいう等差数列のことだよ．「初項 a，公差 n の等差数列中に素数が無数に存在する」とも言えるからね．

景子 これは，オイラーの新証明の方法を使っているので，「ユークリッドの定理の改良」に当たることも証明されているのですか？

優 単に無数にあるのではなく，ある程度「大きな無限大」でしたっけ．

ゼータ よいところに気がついたね．「n で割って a 余る素数」は，単に無数にあるだけではない．

景子 「オイラー積が発散するくらいの大きな無限大」ですね．

ゼータ それだけじゃない．n を固定して a をわたらせたとき，どの a に対しても無限大の大きさは同じであることが証明されている．

優 「4で割って1余る素数」「4で割って3余る素数」は，どちらも無数にあるだけじゃなく，同程度の無限大ということですね．

景子 オイラーの新証明のおかげで，こんなことまでわかるなんて，ゼータ関数ってすごいんですね．

column
29

算術級数《さんじゅつきゅうすう》定理《ていり》

本文では,「4で割って3余る素数が無数に存在すること」をオイラーの方法で示しました.これを,もとのユークリッドの方法で証明してみましょう.

第一の素数として $p_1 = 2$ を選び,それと任意の $(n-1)$ 個の奇素数 p_2,p_3,…,p_n を考えます.n 個の素数の積 $2 \times p_2 \times p_3 \times \cdots \times p_n$ は,4で割って2余る数です.なぜなら,これは偶数なので4で割った余りは0または2ですが,余りが0となるのは4の倍数ですから,素因数2を2つ以上含んでいるはずです.$2 \times p_2 \times p_3 \times \cdots \times p_n$ は2を1つしか含んでいないので,余りが2であるとわかります.すると,$N = 2p_2 \cdots p_n + 1$ は,4で割った余りが3となります.

ここで,ユークリッドの方法を用います.自然数 $N = p_1 \cdots p_n + 1$ は,$p_k(k = 1, 2, 3, \cdots, n)$ のどれで割っても1余るので,$p_k(k = 1, 2, 3, \cdots, n)$ は N の素因数ではありません.N は $p_k(k = 1, 2, 3, \cdots, n)$ 以外の素因数のみからなります.

4で割った余りが1であるような数どうしの積は,やはり4で割った余りが1となります.このことは,次のような一般式で簡単に証明できます.

$$(4a+1)(4b+1) = 4(4ab+a+b)+1.$$

したがって,N を4で割った余りが3であるということは,素因数の中に「4で割った余りが3」であるようなものが存在することを意味します.その素因数は $p_k(k = 1, 2, 3, \cdots, n)$ 以外のものです.

以上により,任意に与えられた有限個の素数の列から,新たに4で割った余りが3であるような素数を構成できました.これで,4で割った余りが3であるような素数が無数に存在することが証明できました.

以上が,ユークリッドの方法による初等的証明です.ただ,この方法で証明できるのは,「4で割って3余る素数」の場合だけで,他の場合には通用しません.「4で割って1余る素数」については,同じ方法で証明できませんし,

「3で割った場合」「5で割った場合」などは，それぞれ個別の工夫が必要になります．

オイラーの方法では，それらをひっくるめて同じ方針で証明できます．それだけでなく，本文中で説明したように，単に無数にあるだけでなく，「無限大の大きさが余りによらずに一定」ということもわかるのです．このことは，ゼータを経由することの奥深い価値を物語っているといえます．

第30話 $L(x)$のリーマン予《よ》想《そう》

優　ゼータ関数と L 関数，それぞれについて，ディリクレ級数とオイラー積という2種類の表示があり，なんだか混乱してきました．

景子　少し整理しておきましょうよ．

優　まず，ゼータ関数のディリクレ級数表示は，

$$\zeta(x) = 1 + \frac{1}{2^x} + \frac{1}{3^x} + \frac{1}{4^x} + \frac{1}{5^x} + \frac{1}{6^x} + \frac{1}{7^x} + \frac{1}{8^x} + \cdots .$$

景子　この定義は $x > 1$ で有効で，そのとき右辺は絶対収束し，$x \leqq 1$ では発散するのよね．

優　次に，ゼータ関数のオイラー積は，

$$\zeta(x) = \prod_p \left(1 - \frac{1}{p^x}\right)^{-1} .$$

景子　この式も，$x > 1$ で絶対収束して，$x \leqq 1$ では発散ね．

優　そして，L 関数のディリクレ級数表示は，

$$L(x) = \frac{1}{1^x} - \frac{1}{3^x} + \frac{1}{5^x} - \frac{1}{7^x} + \cdots .$$

景子　これは，$x > 1$ で絶対収束．$0 < x \leqq 1$ のとき条件収束．$x \leqq 0$ で発散だったわね．

優　最後に，L 関数のオイラー積表示は，

$$L(x) = \prod_{p:\text{ 奇素数}} \left(1 - \frac{(-1)^{\frac{p-1}{2}}}{p^x}\right)^{-1}.$$

景子　これは，$x > 1$ で絶対収束することは，$\zeta(x)$ と同じね．

優　$x = 1$ で条件収束することは,「メルテンスの定理」として習いました．

景子　習ったのはそこまでです．$x < 1$ はまだ考えていません．

ゼータ　既知の事項と未知の事項を明確にすることは，数学ではとても重要だよ．以上のことを，わかりやすくまとめると，どうなるかな．

優　図や表を使えばよいでしょうか．

景子　こんな表はどうでしょう．

表示	関数	$x \leqq 0$	$0 < x < 1$	$x = 1$	$x > 1$
ディリクレ級数	$\zeta(x)$	発散	発散	発散	絶対収束
	$L(x)$	発散	条件収束	条件収束	絶対収束
オイラー積	$\zeta(x)$	発散	発散	発散	絶対収束
	$L(x)$	発散	？	条件収束	絶対収束

ゼータ　全体の様子を把握できる素晴らしい工夫だね．

優　こうしてみると,「？」のところが気になりますね．

景子　L 関数のオイラー積が条件収束するか，発散するかですね．

ゼータ ついにここまで来たね．実は，これが，$L(x)$のリーマン予想なんだ．

景子 あの「数学史上最大の問題」と言われる，リーマン予想ですか？

優 ということは，「？」のところは未解決なんですか？

ゼータ いや，そのうち左半分の$x<\frac{1}{2}$では，発散することがわかっている．

景子 ということは，オイラー積の表は，こうなりますね．

表示	関数	$x<\frac{1}{2}$	$\frac{1}{2}\leqq x<1$	$x=1$	$x>1$
オイラー積	$\zeta(x)$	発散	発散	発散	絶対収束
	$L(x)$	発散	？	条件収束	絶対収束

優 問題の「？」の範囲が，少し絞られました．

ゼータ 未解明の$\frac{1}{2}\leqq x<1$のうち，区間の左端を別にして，

$\frac{1}{2}<x<1$ でオイラー積が収束するだろう

という予想が，「**L関数のリーマン予想**」だよ．

景子 これが，有名な「リーマン予想」ですか．オイラー積の収束に関する予想なんですね．

ゼータ 実は，もとのリーマン予想は，この形ではなかった．オイラー積を使った表現は，2010年代以降に最新の研究でわかってきたことなんだ．

優 最先端の研究のおかげで，僕たちにもわかる形になったんですね．

景子　「収束か発散か」なら，高校生にも意味はわかりますね．

優　「オイラー積の収束」が，どうしてそんなに重要なのですか？

ゼータ　収束から非零が示せるからだよ．

景子　非零とは，「0でない」ということですか？

優　$L(x)$ のオイラー積が収束すれば，$L(x) \neq 0$ が成り立つということでしょうか．

ゼータ　これには少し説明が要るね．あとでゆっくり話そう．

column 30

ゼータと複素数《ふくそすう》

中学や高校で，2次方程式に実数解と虚数解があることを学びます．本文では，$\zeta(x)=0$ の実数解を考えていますが，虚数解もあるのです．

複素数は，記号 x でなく s を用います．そして，実部を $\sigma=\mathrm{Re}(s)$，虚部を $t=\mathrm{Im}(s)$ と表す習慣があります．実数が数直線上の点として表されたように，複素数は平面上の点として表され，$s=\sigma+it$ という複素数は点 (σ,t) に対応します．横軸が実部 $\mathrm{Re}(s)$，縦軸が虚部 $\mathrm{Im}(s)$ となるわけです．

$\zeta(s)$ のディリクレ級数とオイラー積が絶対収束する範囲は，ともに右半平面 $\mathrm{Re}(s)>1$ となります．では，それらが発散する左半平面 $\mathrm{Re}(s)<1$ では，$\zeta(s)$ は定義できるのでしょうか．実は，$\zeta(s)$ を複素数 s の関数である「複素関数」とみなすことで，$\zeta(s)$ の定義が可能となるのです．複素関数には，**解析接続**という概念があります．これは，定義式が発散するとき，別の式を「継ぎはぎ」して定義域を広げる手続きで，関数の「質がよい」ときに可能です．$\zeta(s)$ は解析接続でき，定義域が拡張できるのです．

さらに，$\zeta(s)$ と $\zeta(1-s)$ の間に，以下のような美しい関係が成り立ちます．ただし，$\Gamma(s)$ はガンマ関数で，複素数の「階乗」を表します．

$$\zeta(1-s)=\frac{2\Gamma(s)\cos\frac{\pi s}{2}}{(2\pi)^s}\zeta(s).$$

これを，$\zeta(s)$ の**関数等式**といいます．s の実部が1より大きいとき，$1-s$ は実部が負の複素数となるため，この関数等式より，$\zeta(s)$ について，$\mathrm{Re}(s)>1$ における値で $\mathrm{Re}(s)<0$ の値をすべて表すことができます．

以上の結果，図の斜線部は解明され，残った白い部分 $0 < \mathrm{Re}(s) < 1$ が，column 22 で説明した臨界領域となります．

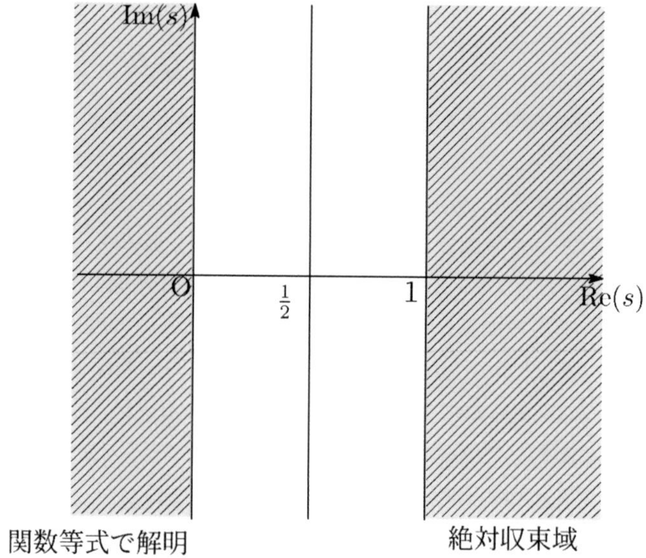

第31話 リーマン予想《よそう》はなぜ大切《たいせつ》？

景子 L 関数のリーマン予想は，「$\frac{1}{2} < x < 1$ でのオイラー積の収束」でした．

優 そして，「オイラー積の収束」が重要である理由は，$L(x) \neq 0$ が示せるからとのことでした．

景子 その話を伺う前に，そもそも，「0でない」ということが，どうしてそんなに重要なんですか？

ゼータ それには，ゼータの効用を振り返ってみるとよい．

優 もともと，ゼータを使って「素数が無数に存在する」というユークリッドの定理の新しい証明ができたのでしたね．

景子 定理の改良もできました．素数の個数は「ある程度大きな無限大」という事実がわかりました．

ゼータ 実は，「無限の大きさに種類がある」ということが，リーマン予想の研究の基本にあるんだ．

優 無限の大きさを，より正確に知るための研究ということですか？

ゼータ 素数の個数が無限大に発散するだけでなく，いつどういうタイミングでどのように増えていき，最終的にどれくらいのスピードで増大していくのかということだね．

景子 それは結局，「どういう数が素数か」に関する研究ということですね．

優　「どこにどれくらい素数があるのか」と言ってもよさそうですね．

景子　それで，なぜ，「0でないこと」が重要なんですか？

ゼータ　オイラー積には，すべての素数が1回ずつ寄与しているから，ゼータは，素数の全貌を含んでいることになるよね．

優　仮に，3が素数じゃなくて4が素数だったら，ゼータは別の関数になっていたということでしょうか．

ゼータ　極端に言えばそういうことだよ．

景子　どの数が素数で，どの数が合成数かというすべての事実を，ゼータは含んでいるんですね．

ゼータ　数論で有名な格言に，「ゼータは素数に関するすべてを知っている」というのがある．

優　ゼータは，すべての素数をまとめたようなものなんですね．

景子　ゼータのどんな性質がわかれば，素数の謎が解けるのでしょうか？

ゼータ　そこで登場するのが，方程式 $\zeta(x)=0$ の解なんだ．2人とも，因数定理を知っているよね．

優　はい．学校で習いました．

景子　「多項式 $f(x)$ が $f(a)=0$ を満たすとき，$f(x)$ は $x-a$ を因数に持つ」という定理です．

ゼータ　この定理から，$f(x)=0$ の解がすべてわかれば，因数が完全にわかる．

優　たとえば，解が $x=1,2,3$ の 3 つだったら，
$f(x)=C(x-1)(x-2)(x-3)$ と，定数 C で表せますね．

景子　指数が付く可能性もあるわ．

優　そっか．でもそこまできちんと表すのは面倒だな．

ゼータ「重解は並べ上げること」と，解の数え方を定めればいいよ．

景子　たとえば，もし，上の例で，1 が 2 重解なら，解は $x=1,1,2,3$ の 4 つとなり，$f(x)=C(x-1)^2(x-2)(x-3)$ となるわけですね．

優　それなら，「解の全体がわかれば，$f(x)$ は定数倍を除いて完全にわかる」といえますね．

ゼータ 因数定理は多項式の場合だったけど，実は，有理型関数という，もう少し広い範囲の関数でも，似た定理が成り立つんだ．

景子　ゼータは有理型関数なんですか？

ゼータ $\zeta(x)$ や $L(x)$ は有理型だと証明できるし，他のあらゆるゼータも，だいたい有理型と考えられている．

優　だから，$\zeta(x)=0$ の解が重要なんですね．因数分解形がわかるから．

ゼータ 解の全体がわかることは，素数の全貌がわかることに近い感覚だよ．

景子　それで，オイラー積の収束と，$L(x)\neq 0$ との関係は，どうなのですか？

ゼータ 指数関数 2^X が $X=0$ の前後でどんな関数だったか，思い出してみよう．

景子　$X = 0$ のとき，$2^0 = 1$ で，$X > 0$ なら $2^X > 1$，$X < 0$ なら $2^X < 1$ です．

ゼータ　その通り，X が 0 より少し大きいと，2^X は 1 より少し大きくなる．その大きくなる分を kX とおこう．こんな式になる．

$$1 + kX = 2^X.$$

優　k は定数ですか？

ゼータ　定数ではないけど，$X \to 0$ のときの極限値は存在する．オイラーはその状況を「X が無限小のとき k を上のようにおく」と表現した．

景子　高校 3 年で習う自然対数を使えば，$k = \log 2$ となりますね．

優　これを，オイラー積に適用するんですか？

ゼータ　オイラー積の因子は，**1 +** **p の入った式** の形をしている．そういうもの同士の積は，

$$(1 + kX)(1 + kY) = 2^X 2^Y = 2^{X+Y}$$

となることから，掛け算が足し算に変換される．

景子　2 個の積だけじゃなく，3 個，4 個，5 個，…と何個でも同じですね．

優　オイラー積は，指数が「素数にわたる無限和」の式で表せるわけですね．こんなふうに，

$$\boxed{\text{オイラー積}} = 2^{(\text{素数にわたる無限和})}.$$

ゼータ　この無限和の収束発散は，オイラー積と同じだと思うかい？

景子 無限和が収束すればオイラー積も収束するのは確かですが，逆は成り立ちません．

優 オイラー積が0に収束するときだけは，無限和の方は $-\infty$ に発散するから，オイラー積と無限和の収束・発散は，一致しませんね．

ゼータ 実は，その意味で，オイラー積が0に収束するのは特殊な現象であることになる．

景子 特殊だと，どういう影響があるんですか？

ゼータ そのような点は，数学で「特異点」というんだけど，無限和や無限積は「特異点から先では発散する」という定理があるんだよ．

優 たとえば，$x=\dfrac{3}{4}$ でオイラー積が0に収束したとすると，$x<\dfrac{3}{4}$ では発散するということですか．

景子 なるほど．そうすると，オイラー積が $\dfrac{1}{2}<x<1$ で収束すると仮定すれば，その範囲で $L(x)\neq 0$ が成り立つことになりますね．

優 なぜなら，もしある $\dfrac{1}{2}<a<1$ に対して $L(a)=0$ だったとすると，$\dfrac{1}{2}<x<a$ でオイラー積が発散し，仮定に矛盾するからですね．

景子 これで，オイラー積の収束から，$L(x)=0$ の解の範囲が絞られることがわかりました．

ゼータ それだけじゃない．今まで実数解だけを考えてきたけど，同じことが虚数解についても成り立つんだ．

優 方程式の解は複素数の範囲で考えるのが最も一般的であると習ったけど，$L(x)=0$ の解も複素数の範囲にあるんですか？

ゼータ　実際，多数の虚数解が数値計算によって発見されているよ．そして，それらすべての虚数解は「実部が $\frac{1}{2}$ 」という性質を共通に持っている．

景子　「同じことが虚数解について成り立つ」とは，正確にはどういうことですか？

ゼータ　「$L(x)$ のオイラー積が実数 x において収束すれば，実部が x より大きな虚数解はない」ということだよ．

優　そうすると，リーマン予想は，「実部が $\frac{1}{2}$ より大きな虚数解はない」となりますね．

景子　すでに数値計算で発見されている「実部が $\frac{1}{2}$ 」という共通の性質が，すべての解に対して成り立つということですね．

ゼータ　1859 年にリーマンは，3 個の解を手計算で求めた．それらがすべて「実部が $\frac{1}{2}$」だったことから予想が生まれたんだよ．

column
31

リーマン予想《よそう》と完備《かんび》ゼータ

column 22 で解説した臨界領域は，column 30 で複素領域 $0 < \mathrm{Re}(s) < 1$ となりました．$\zeta(s) = 0$ の虚数解は，この中にあるわけです．

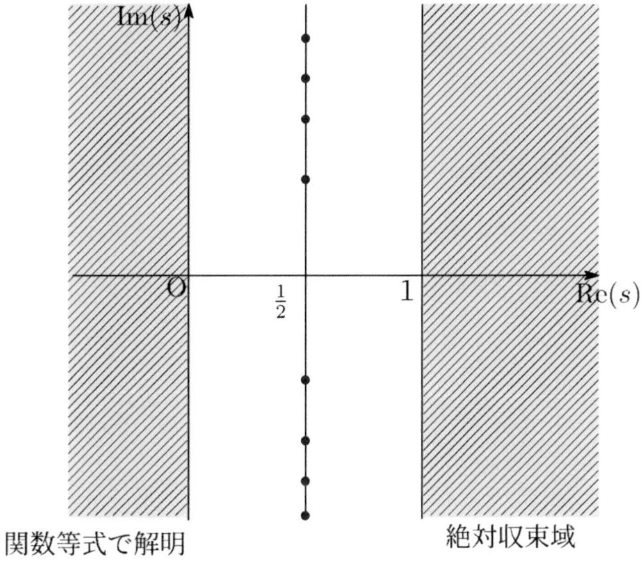

リーマン予想が主張する零点

リーマン予想は，「すべての虚数解が臨界線 $\mathrm{Re}(s) = \dfrac{1}{2}$ 上にある」という命題であり，図の黒点のように，臨界線上に解が並ぶイメージとなります．臨界線は，臨界領域の中心線で，column 30 で紹介した関数等式

$$\zeta(1-s) = \frac{2\Gamma(s)\cos\frac{\pi s}{2}}{(2\pi)^s}\zeta(s)$$

の中心線でもあります．この関数等式は 18 世紀にオイラーが発見した「非対称型」です．その 100 年後にリーマンが「対称型」関数等式

$$\widehat{\zeta}(s)=\widehat{\zeta}(1-s) \quad \left(\text{ただし，}\widehat{\zeta}(s)=\pi^{-\frac{s}{2}}\Gamma\left(\frac{s}{2}\right)\zeta(s)\right)$$

を証明しました．$\widehat{\zeta}(s)$は**完備ゼータ**と呼ばれ「素数全体からなるオイラー積」に無限素点のオイラー因子 $\pi^{-\frac{s}{2}}\Gamma\left(\frac{s}{2}\right)$ を掛けたものです．完備ゼータは，いわば「本当のゼータ」であり，$\widehat{\zeta}(s)$の関数等式が上のように簡明な形に書けることからも，それが本質を表していることがわかります．

すなわち，素数という概念は不完全なものであり，そこにもう一つ，記号∞で表される無限素点というものを追加した「素点」という概念こそが，数学的に完全なのです．

素点の正確な定義について，ここでは触れません．興味のある人は，拙著

『数学の力』（日経サイエンス社）の第 2 章 131 ページ

を参照してください．

$\zeta(x)=0$ には「xが負の偶数」という実数解があり，**自明零点**と呼ばれていますが，これは $\Gamma\left(\frac{x}{2}\right)=\infty$ と打ち消し合い，完備ゼータは自明零点では，0 でも ∞ でもない普通の値となります．リーマン予想は，「素点全体にわたるオイラー積である完備ゼータの，零点に関する予想」とみなすと，自明零点を区別する必要がなくなるので，リーマン予想をより正しく解釈できます．

第32話　深《しん》リーマン予《よ》想《そう》

優　史上最大の未解決問題というから，難解な形をしているのだろうと思っていましたが，「オイラー積の収束」だけだったので，意外でした．

景子　$\frac{1}{2} < x < 1$ での収束が，そんなに難しいとは知りませんでした．

ゼータ　実は，この話には続きがあるんだ．

優　そういえば，さっきの表で，「？」の範囲は $\frac{1}{2} \leqq x < 1$ でしたね．

景子　まず，$\frac{1}{2} < x < 1$ から話を始めたので，$x = \frac{1}{2}$ が残っています．

ゼータ　よく思い出したね．実はそれが，「**深リーマン予想**」なんだ．

優　「深」とは，「深めた」という意味ですか？

ゼータ　数学的には「強めた」と同義で，リーマン予想を含む強い命題ということだけど，より深く本質を表すという意味も込められている．

景子　深リーマン予想は，どんな命題なのですか？

ゼータ　「$x = \frac{1}{2}$ で，$L(x)$ のオイラー積が収束する」という命題だよ．

優　これが成り立てば，リーマン予想も成り立つんですか？

ゼータ　そのことは，証明されているよ．

景子　今度は，オイラー積が収束したとしても，非零とは限りませんね．

ゼータ そう．特異点は収束域の境界のみに存在し得るからね．

優 オイラー積が $x<\dfrac{1}{2}$ で発散することは前に習いましたから，$x=\dfrac{1}{2}$ は，「これより下に行けない限界」ですね．

景子 境界だから特異点はあり得るし，実際，虚数解が見つかっているから，オイラー積が 0 に収束する点が，実部 $\dfrac{1}{2}$ の線上にあるわけですね．

優 $L(x)$ のオイラー積の表に，予想を書き込んでみると，こうなります．

$x<\frac{1}{2}$	$x=\frac{1}{2}$	$\frac{1}{2}<x<1$	$x=1$	$x>1$
発散	発散	発散	発散	絶対収束
発散	たぶん条件収束 （深リーマン予想）	たぶん条件収束 （リーマン予想）	条件収束	絶対収束

景子 深リーマン予想は，「より深く本質を表している」とのことでしたが，どういう意味ですか？

ゼータ $x=\dfrac{1}{2}$ におけるオイラー積を書いてごらん．

優 こうですか．

$$L\left(\frac{1}{2}\right)=\prod_{p:\,\text{奇素数}}\left(1-\frac{(-1)^{\frac{p-1}{2}}}{\sqrt{p}}\right)^{-1}.$$

ゼータ この式の収束とは，いったい，何を意味していると思う？

景子 オイラー積の成り立ちを復習すると，まず，オイラー因子は無限等比数列の和でした．

$$\left(1-\frac{(-1)^{\frac{p-1}{2}}}{\sqrt{p}}\right)^{-1}=1+\frac{(-1)^{\frac{p-1}{2}}}{\sqrt{p}}+\frac{1}{(\sqrt{p})^2}+\cdots.$$

ゼータ これらを，すべての奇素数 p にわたらせて掛け合わせたものが $L(\frac{1}{2})$ です．

景子 その際，一つを除くすべての素数に対して右辺の第 1 項の 1 を選び，一つの素数 p に対してのみ，右辺の第 2 項

$$\frac{(-1)^{\frac{p-1}{2}}}{\sqrt{p}}$$

を選んで掛け合わせたものが，ディリクレ級数の p の項となります．

優 オイラー積の収束とは，そういう項の全体の和の収束を意味します．

ゼータ 実は，今挙げた形の項 $\dfrac{(-1)^{\frac{p-1}{2}}}{\sqrt{p}}$ の和が，ほぼオイラー積を表すんだ．

景子 1 つの素数じゃなく，2 つ以上の素数の組合せもありますけど．

優 それに，右辺の第 2 項じゃなく，第 3 項以降を選んでも別の項が出ます．

ゼータ 分母を 2 乗や 3 乗すれば，分数は小さくなり和への寄与は小さい．異なる素数を複数組み合わせた項も，素数が一つの項に比べれば，分母が大きい分，分数として小さくなるから，影響は小さいんだよ．

景子 でもそういう項が無数にあるので，全体として小さいかどうかは，すぐにはわかりません．

ゼータ さすがは景子ちゃん．その通りだよ．そういう項たちの合計が収束することは，きちんと計算して証明できることなんだ．

優 上の項の分子の $(-1)^{\frac{p-1}{2}}$ は，こんな意味でしたよね．

- p を 4 で割って 1 余るときは 1
- p を 4 で割って 3 余るときは -1

景子 すると，その形の項の和は，以下の式で $n \to \infty$ とした極限ですね．

$$\underbrace{\frac{1}{\sqrt{5}}+\frac{1}{\sqrt{13}}+\frac{1}{\sqrt{17}}+\frac{1}{\sqrt{29}}+\cdots+\frac{1}{\sqrt{P}}}_{\text{「4で割って1余る素数」にわたる和}}-\underbrace{\left(\frac{1}{\sqrt{3}}+\frac{1}{\sqrt{7}}+\frac{1}{\sqrt{11}}+\frac{1}{\sqrt{19}}+\cdots+\frac{1}{\sqrt{Q}}\right)}_{\text{「4で割って3余る素数」にわたる和}}.$$

優 P と Q は，どういう記号なの？

景子 P は，4 で割って 1 余る素数のうち，n 以下で最大のもの．Q は，4 で割って 3 余る素数のうち，n 以下で最大のものよ．

優 $n \to \infty$ の極限では，P, Q も限りなく大きくなるんだね．

景子 そのときに，引き算で打ち消し合いがどれくらい起きるかが，問題ね．

優 算術級数定理から，「4で割って1余る素数」と「4で割って3余る素数」は，同じ無限大の大きさだけあるんですよね．

景子 それはそうだけど，それだけじゃ，打ち消し合いがどれくらい起きるかはわからないわ．

優 小さな素数が「4 で割って 1 余る」方に集中していたら，プラスの方が大きくなり，全体として発散するね．

景子　「4で割って1余る素数」と「4で割って3余る素数」が，ちょうどよいバランスを保ちながら無限大に至ることが必要ね．

優　オイラー積の収束って，そういうことだったのか．

景子　素数の分布についての，精密な性質が関係ありそうね．

ゼータ　2人とも，よくここまで考えたね．深リーマン予想が本質を表しているというのは，そういうことだよ．

優　もとのリーマン予想は，そうではなかったんですか？

ゼータ　リーマン予想は，素数の個数をより精密に表す形で，素数の分布に関係していたよ．

景子　でも，深リーマン予想に比べると，わかりにくかったんですね．

ゼータ　複素関数論を経由する必要があったので，高校生には説明できなかったね．

優　深リーマン予想のおかげで，僕たちにもわかるようになったんですね．

景子　このことが，2010年代になってから発見されたとは，驚きです．

優　まさに最先端の数学ですね．

ゼータ　数学は，進歩し続けている学問なんだよ．

景子　知りませんでした．学校で習う数学とは別の世界があるんですね．

優　なんだか，ドラマチックです．

景子　また，いろいろ教えてください．

ゼータ　今後は，ABC 予想の解説をしてあげよう．

優　本当ですか？　楽しみにしています．

column 32

数学者《すうがくしゃ》になってよかったこと

数学の醍醐味が，問題を解けたときの達成感や，解法を着想したときの喜びにあることは，想像に難くないでしょう．column26 で述べた発見の過程を体験できたことは幸せです．もし数学者になっていなかったら，そんな幸福を味わえなかったと思います．

ただ，それとは別に，少し意外とも思われる部分で，私は，「数学者になってよかった」と心から感じる瞬間があります．それは，同じ道を目指して共に歩んできた同志たちの存在を感じるときです．とくに，国際会議に出席するために海外出張をし，現地に着いてホテルに宿泊し，会議初日の朝，会場に足を運んだときに，その感覚は高まります．

数学の国際会議は，全分野共通の「国際数学者会議」という大きな会議が4年に1度，ちょうどオリンピックのように世界の都市の持ち回りで開催されますが，それ以外にも各専門分野ごとに，国際研究集会が数か月に一度のペースで世界のどこかで開催されています．私たち数学者は，大学の授業など他の業務に支障がない範囲で，年に1～2回，関連する会議を選んで出席しています．会議では，その分野の研究者が世界中から集い，研究の進展状況を報告し合い，情報交換をします．

日本出国から一日がかりで異国の地に着き，初めての街で交通機関を探してホテルに到達するという，海外旅行で誰もが感じる高揚感を味わいながら，「今年はどんな新定理が報告され，どんな議論になるんだろう」という期待から来るわくわくした気持ちと，「自分の講演がうまく行くだろうか，この発見は受け入れられるのだろうか」という緊張感が入り混じった独特の感情で，国際会議の初日の朝を迎えます．

会場に到着し，受付で手続きをしていると，何人もの知った顔に出会います．数年ぶりに会う人もいれば，数十年ぶりに会う人もいます．彼らは，かつてアメリカやイギリスで私が研鑽を積んだ時代に，お互いに数学者になることを目指しながら，苦労を分かち合い一緒に努力をした「同志」です．親しい「友人」

と呼べる者はわずかで，大半はプライベートな付き合いはない「知人」に過ぎませんが，同じつらさを味わった仲間であり，交わす言葉は少なくても深いところで分かり合えている感覚があり，彼らといると独特の安心感を抱くことができます．

普段は世界中に散らばっている「知人」たちが，数年，数十年ぶりに一堂に会し，その瞬間に「分かり合えている」という感覚を抱けるのは，幸せなことに感じられます．そして，彼らとともに数学を創り進展させる，そんな仕事に携われる幸運に感謝し，やりがいを新たに感じて研究生活を続けるのです．

あとがき

カントール（column 10 で紹介した数学者）が残した有名な言葉に，「数学の本質はその自由性にあり」があります．

私は本書の執筆にあたり，中学生や高校生に「数学とはどんな学問なのか」を伝えるため，あらためて数学の特徴を考えてみました．その結果，他分野と比較して数学が「いかに自由な学問であるか」を，強く感じました．

column 27 で述べたように，数学専攻の大学では，多くの場合に卒論がありません．その理由は，数学の論文で要求される「新しい定理の発見・証明」が大学 4 年生には難しいからとされているからです．しかし，よく考えてみると，数学専攻であっても，手取り足取り教授に教えられれば，4 年生が論文を書くことは可能と思われます．ただ，数学の世界は，そういう論文に価値を見出さないのです．

数学の証明には「オリジナルなアイディア」が必須であり，それは自分自身で着想してこそ価値があります．先生に指示されるままに証明を書いても意味がありません．研究者としての一生を考えたとき，大学生のうちは無理に論文を書くよりもじっくりと基礎を固める方が，後になって大きく花開くと期待されるのです．

数学は，実験設備などの環境に縛られない学問ですが，それだけでなく，時間的な制約からの自由度も大きいといえます．短い期間に無理に成果を挙げることが推奨されない風土があります．そして，若いうちから研究者個人の着想が重視され，本人の実力が純粋に評価されるのです．そんな学問分野は，数学以外では少ないように思います．

ここまで聞くと，数学が「個人プレー」の学問であるように感じられるかもしれませんが，本書では，むしろその逆のことを強調してきました．第 15 話，第 17 話，column 32 など，これまで随所で述べてきたように，数学研究においては，人とのつながりがきわめて貴重です．その理由は，数学的な発想を得て研究に直接役立つだけでなく，人間としてのつながりによって，生涯をかけてきた数学に深い幸福感を見出せるからです．本書の読者が，そんな「同志」を見つけて幸せな人生を歩まれることを，願ってやみません．

2021 年 4 月　　著者

謝辞

本書の第Ⅰ部「日常編」の内容は，2020年7月31日に東洋大学の新型コロナウイルス感染症対策委員会と高等教育推進センターの共催で、全教職員対象のFD・SD研修会として学長室よりオンライン配信された講演会「数値の正しい理解とコロナ対策」をもとに構成したものです．この講演は，私が数学的思考の社会生活への応用について深く考えるきっかけを与えてくれました．

講演の機会を与えてくださった矢口悦子学長、村田奈々子副学長（高等教育推進センター長）に，深くお礼を申し上げます．また，講演に興味を持ってくださり，鋭いご意見を下さった川口英夫副学長，早川和宏副学長に，感謝いたします．

最後に，コロナ発生当初から議論に付き合ってくださり，私の講演を提案してくださった東洋大学理工学部生体医工学科の加藤和則教授に，深い感謝の意を表します．感染免疫学をご専門とされている加藤教授からこのように取り上げて頂けたことは，大変光栄でありました．先生のご尽力が無ければ，本書が生まれることはありませんでした．あらためて御礼申し上げます．

索　引

▼な行

▼は行

▼ま行

▼や行

▼ら行

著者プロフィール

小山 信也（こやま しんや）

1962 年新潟県生まれ。1986 年東京大学理学部数学科卒業。
1988 年東京工業大学大学院理工学研究科修士課程修了。理学博士。
慶應義塾大学，プリンストン大学（米国），ケンブリッジ大学（英国），梨花女子大学（韓国）を経て，現在，東洋大学理工学部教授。専攻／整数論，ゼータ関数論，量子カオス。

著書は
『日本一わかりやすい ABC 予想』（ビジネス教育出版）『数学の力～高校数学で読みとくリーマン予想』（日経サイエンス）『リーマン教授にインタビューする』（青土社）『素数とゼータ関数』（共立出版）『ゼータへの招待』『リーマン予想のこれまでとこれから』『素数からゼータへ，そしてカオスへ』（以上，日本評論社）など多数。
訳書は
『オイラー博士の素敵な数式』（筑摩書房）
など。

MEMO

イラストレータープロフィール

Cotone.（ことね）
長野県生まれ。
代表作に『みーこの富山弁 挨拶編』『みーこの富山弁 がんばらんまいけ編』（以上，LINE クリエイターズスタンプ）
『数学の力～高校数学で読みとくリーマン予想』（日経サイエンス社）『魅力ある定理とは』（「数学教育」2020 年 9 月号）『数学研究法とは～簡単な例を通して』（「数学教育」2020 年 10 月号）（以上，明治図書）
など。
本書にて，本編イラスト担当。

長原 佑愛（ながはら ゆあ）
2001 年埼玉県生まれ。
代表作に『日本一わかりやすい ABC 予想』（ビジネス教育出版社，近刊）
など。
本書にて，カバーイラスト，登場人物デザイン，本編イラスト（135 ページ）担当。

MEMO

MEMO

MEMO

MEMO

- 本書に関する最新情報は，技術評論社ホームページ（https://gihyo.jp/）をご覧ください．
- 本書へのご意見，ご感想は，以下の宛先へ書面にてお受けしております．電話でのお問い合わせにはお答えいたしかねますので，あらかじめご了承ください．

〒162-0846 東京都新宿区市谷左内町 21-13
株式会社 技術評論社 書籍編集部
『「数学をする」ってどういうこと？』係
FAX：03-3267-2271

「数学《すうがく》をする」ってどういうこと？

2021年5月28日　初 版 第1刷発行
2021年7月 1日　初 版 第2刷発行

著　者　小山《こやま》　信也《しんや》
発行者　片岡　巌
発行所　株式会社技術評論社
東京都新宿区市谷左内町21-13
電話　03-3513-6150　販売促進部
03-3267-2270　書籍編集部
印刷／製本　日経印刷株式会社

装丁、本文デザイン、DTP　オフィスsawa
カバーイラスト、本文イラスト　Cotone., 長原佑愛

ISBN978-4-297-12113-6　C3041
Printed in Japan